国家自然科学基金项目"尾矿库溃坝事故安全预警阈值及应急准备基础研究"（No. 71373245）资助出版

帷幕注浆堵水隔障带 稳定性及监测技术研究

中国安全生产科学研究院

付士根　李全明　马海涛 ◎ 著

U0364337

气象出版社
China Meteorological Press

图书在版编目(CIP)数据

帷幕注浆堵水隔障带稳定性及监测技术研究 / 付士根，李全明，马海涛著. -- 北京：气象出版社，2017.4
　　ISBN 978-7-5029-6529-7

Ⅰ.①帷… Ⅱ.①付… ②李… ③马… Ⅲ.①矿山注浆堵水-防渗帷幕-稳定性-研究 ②矿山注浆堵水-防渗帷幕-监测-研究 Ⅳ.①TD745

中国版本图书馆 CIP 数据核字(2017)第 057312 号

Weimu Zhujiang Dushui Gezhangdai Wendingxing Ji Jiance Jishu Yanjiu
帷幕注浆堵水隔障带稳定性及监测技术研究

出版发行：气象出版社
地　　址：北京市海淀区中关村南大街 46 号　　　　邮政编码：100081
电　　话：010-68407112(总编室)　010-68409198(发行部)
网　　址：http://www.qxcbs.com　　　　E-mail：qxcbs@cma.gov.cn
责任编辑：张盼娟　彭淑凡　　　　　　　终　　审：邵俊年
责任校对：王丽梅　　　　　　　　　　　责任技编：赵相宁
封面设计：博雅思企划
印　　刷：北京中石油彩色印刷有限责任公司
开　　本：710 mm×1000 mm　1/16　　　印　　张：8.75
字　　数：172 千字
版　　次：2017 年 4 月第 1 版　　　　　印　　次：2017 年 4 月第 1 次印刷
定　　价：35.00 元

前　　言

采矿业是我国国民经济的基础产业,然而目前,浅部资源开采殆尽,富矿、露天矿及易开采的地下矿山已不能满足工业发展需求,大水矿床逐渐被开发利用。随着开采强度的不断加大,大水矿床开采过程中排水带来的一系列安全、环境及水资源保护等问题日益凸显。我国大量的金属矿产资源赋存于广泛分布的石灰岩溶地区,岩溶类矿床分布广、涌水量大、危害程度大,均为世界之最。这些矿床在开采过程中,多次发生透水、涌水等水害事故,造成极为惨重的人身伤亡和经济损失。

多年来,我国岩溶水矿井采用的防治水技术主要有矿床疏干和帷幕注浆。疏干排水是世界各国在矿井开发中应用最广泛的一种防治水技术,但由此引发了一系列的安全和环境问题。随着注浆堵水技术在煤炭、水利等系统的成功运用,19 世纪 70 年代以来,冶金系统相继在水口山铅锌矿等深部厚层灰岩中采用注浆帷幕截流技术防治地下水,取得了较好的效果。

随着注浆帷幕堵水技术的发展,近矿体顶板灰岩帷幕注浆堵水技术成为近年来研究应用的防治水新方法,为水文地质条件复杂型的大水矿床的安全高效开采提供了技术保障。研究和实践证明,井下近矿体顶板帷幕注浆堵水技术已经在多个大水金属矿山取得了良好的堵水效果。但是随着开采和帷幕内外高压水头作用等因素影响,帷幕注浆堵水隔障带的稳定性关系到能否实现大水矿床安全高效开采。因此,帷幕注浆堵水隔障带的稳定性一直是矿山科研人员和企业非常关注的重大安全问题。

本书以岩溶水矿山谷家台铁矿为例,通过相关地质资料收集及室内岩石物理力学性能试验,运用岩石力学、基于多元联系数的集对分析理论及三维数值模拟等技术方法,对近矿体顶板帷幕注浆堵水隔障带稳定性和监测方法进行了深入系统的研究,包括近矿体顶板注浆帷幕厚度研究,帷幕注浆参数研究和堵水效果评价,矿岩的物理力学性质研究,堵水隔障带稳定性定性评价研究,注浆帷幕稳定性三维数值模拟研究,应用矿柱内的应力-应变说明开采过程中矿柱对支撑上部围岩稳定性的重要作用,并研制和开发了光纤岩移监测系统。

由于作者水平有限,书中难免存在疏漏,敬请批评指正。

目　　录

第1章 绪 论

1.1 研究背景和意义

采矿业是我国国民经济的基础产业,我国 80% 以上的工业原料和 95% 以上的能源来自于矿山,矿产资源的开发对国民经济的发展具有极为重要的意义[1-2]。然而目前,我国浅部资源开采殆尽,富矿、露天矿及易开采的地下矿山已不能满足工业发展需求,大水矿床(是指日排水量大于 1.0×10^4 t,或最大涌水量大于正常涌水量 2 倍以上的矿山)[3] 逐渐被开发利用。随着开采强度的不断加大,大水矿床开采过程中排水带来的一系列安全、环境及水资源保护等问题日益凸显。

我国大量的金属矿产资源赋存于广泛分布的石灰岩溶地区,岩溶类矿床分布广、涌水量大、危害程度大,均为世界之最。在北方区,广泛分布的山西式铁矿严重受太原群薄层灰岩和奥陶系灰岩的水害威胁(如河北邯郸、山东莱芜等)[4-5]。由于山西式铁矿距奥陶系灰岩的距离很近,矿区附近的断裂与岩体构造直接控制着奥陶系、石炭二叠系灰岩喀斯特水的补给、径流和排泄条件,断裂破碎带和发育于岩体周边的张开性裂隙往往将灰岩水直接导入矿坑,给该区矽卡岩型矿床的开发带来严重的水害威胁。这些矿床在开采过程中,多次发生透水事故[6-9]。如 1999 年 7 月 12 日,莱芜矿业公司谷家台铁矿在 -100 m 水平 28 A 穿脉发生透水导致 29 人死亡的特大井下突水事故。1995 年 2 月 13 日,+1 m 水平 22 线 3# 川脉掘进迎头发生涌水,出水量近 3000 m³/d;4 月 3 日,+11 m 水平 23 线 5# 川脉发生涌水,水量在 3000 m³/d 左右[10]。

在南方区和西南区,大部分金属矿床属于火成岩体与寒武奥陶系灰岩接触带的热液变质型矿床。由于矿体与灰岩含水层直接接触,使得该区金属矿床的水文地质条件十分复杂,矿井涌水量很大,喀斯特水一旦被揭露后直接溃入或通过地下暗河溶洞导入,成为矿井突水的一大特点。矿井涌水往往突发性强,水量大。长期以来,因为矿区水害而造成的人身伤亡和经济损失极为惨重。

多年来,我国岩溶水矿井采用的防治水技术主要有矿床疏干和帷幕注浆。疏干排水是世界各国在矿井开发中应用最广泛的一种防治水技术,但由此引发

1

了一系列的安全和环境问题。首先,随着矿床开采的延深,地下水经沉降强排,产生了巨大的水头差,在一些构造破碎带和隔水薄层的地段易发生突水事故,严重地威胁着矿井和职工的安全。其次,大规模的疏干排水会导致矿区出现大面积的岩溶地面塌陷与沉降,造成农田破坏、居民搬迁、河流改道等一系列问题,严重破坏水文地质环境,越来越不适应国民经济的发展对地下水资源的需要。

随着注浆堵水技术在煤炭、水利等系统的成功运用,进入 20 世纪 70 年代以来,冶金系统相继在水口山铅锌矿等深部厚层灰岩中采用注浆帷幕截流技术防治地下水,取得了较好的效果。此种治水方法适用于过水断面较窄的情况,注浆帷幕两端和底部均有稳定、可靠的不透水边界,或岩溶裂隙不发育、弱发育的相对隔水带,且只要堵截相当一部分地下水,在一定程度上控制地面塌陷,就算达到了建造矿区帷幕的目的。

随着注浆帷幕堵水技术的发展,近矿体顶板灰岩帷幕注浆堵水技术成为近年来研究应用的防治水新方法,为水文地质条件复杂型的大水矿床的安全高效开采提供了技术保障。

近矿体顶板灰岩驱水封闭系统注浆堵水实质是一种地下封闭帷幕注浆,即通过注浆在矿体周围形成不透水的封闭空间、尽可能地减少矿井涌水量的防治水技术。近些年来的研究和实践证明,井下近矿体顶板帷幕注浆堵水技术已经在多个大水金属矿山取得了良好的堵水效果。

近矿体顶板帷幕注浆堵水技术能够较好地保护地下水资源及矿山安全生产,较好地避免矿床疏干法和地面垂直帷幕注浆堵水法引起的地面塌陷、河流改道、居民搬迁等一系列环保和民生等问题,堵水率一般可达到 85% 以上。但是随着开采和帷幕内外高压水头作用等因素影响,帷幕注浆堵水隔障带的稳定性关系到能否实现大水矿床安全高效开采。因此,注浆帷幕堵水隔障带的稳定性一直是矿山科研人员和企业非常关注的重大安全问题。

本书以谷家台铁矿作为研究对象,通过对谷家台铁矿的工程地质、水文地质现场调查,综合研究了矿区近矿体顶板帷幕注浆堵水的可行性,利用集对分析原理评价分析了注浆帷幕堵水隔障带的稳定性;采用三维 FLAC^{3D} 数值模拟采场开挖对注浆帷幕堵水隔障带的破坏和扰动范围,研究帷幕堵水隔障带的破坏机理并对其稳定性进行监测。上述工作为大水矿床的安全高效开采和可持续发展提供了重要的理论依据和技术支撑。

1.2 国内外研究现状

1.2.1 矿山水害防治技术研究现状

矿山水害防治技术一般分为三类,即疏干、封堵、避让。具体来说,矿山水害防治首先应深入掌握矿区水文地质条件,在此基础上,遵循先简单、后复杂,先地面、后井下、层层设防的原则,开展矿山水害防治。对于各种可能涌入矿坑的地表水,首先采取地面防水措施;为防范突水淹井,应采取井下防水及探放水措施;为保证安全顺利开采,坑内一般以排水疏干为主,并尽量在浅部将地下水拦截;在水文地质条件适宜、经济技术条件允许时,应优先采取帷幕注浆方案[11]。

(1)疏干排水[12-13]

20世纪80年代以前,矿山通常采取疏干排水的防治水害方法。大多数矿山在生产过程中进行大量疏干排水,保障矿床的安全开采。例如西石门铁矿采用疏干排水方法,矿床疏干效果较好,保障了矿山几十年正常生产安全;安庆铜矿、三山岛金矿等虽采用地下控制疏干排水,但对主要的导水断层裂隙进行注浆堵水,也起到了良好的治理效果。

国内大水矿山疏干排水实践表明,疏干排水是早期矿山开采中广泛应用的一种防治水技术,为当时大水矿山的开采起到了重要的安全保护作用。然而大规模的疏干排水破坏了地下水的补给平衡,导致矿区出现大面积的岩溶地面塌陷与沉降,造成农田破坏、生产生活用水困难,矿区与周边村民等矛盾可谓一触即发,在一定程度上影响了社会稳定。同时随着国家法律法规的不断完善和人民群众对环保问题改善的渴求,矿山防治水技术必须走可持续发展的新路子,保障矿山实现安全高效生产具有重要意义。疏干排水技术因其危害性较大和限制条件的影响,适用范围也将越来越小。

(2)帷幕注浆堵水

为解决矿床疏干排水开采过程带来的一系列灾害,我国防治水工作者于20世纪60年代开发了矿区帷幕注浆技术,20世纪70年代开始在岩溶发育地区修建高坝,为防止坝基渗透应用了帷幕注浆法。经过多年的发展,帷幕注浆已广泛应用到水利、建筑、铁路和矿业等多个领域。经过50多年的工程实践,我国矿山帷幕注浆工艺成功地应用到多个矿山治水工程,且堵水效果都很好,保护了水资源环境,节省了排水费用,大幅度降低了矿石生产成本,有效缓解了许多大水矿山的治水难题[14-15]。

注浆(灌浆)就是将具有充填胶结性能的材料配成浆液,以泵压为动力源,用注浆设备通过注浆管将其注入岩层,浆液以渗透、填充、劈裂和挤密等方式扩散、胶结或固化,从而达到加固围岩或防渗堵水的目的,改善受注地层的水文地质和工程地质条件[16]。帷幕注浆技术又分为地面帷幕注浆技术和井下近矿体顶板帷幕注浆技术。

①地面帷幕注浆技术。造浆、压浆和注浆孔钻进均在地面进行,适用于含水层埋藏深度不大于150 m、无效钻进占总进尺比例小的情况,便于使用大型钻机和大型设备,效率高,质量好,但相对钻孔有效进尺较低,特别是在含水层较薄时。如水口山铅锌矿、张马屯铁矿、铜录山铜矿和新桥硫铁矿等矿山都采用帷幕堵水的治水技术,取得了良好的效果。经过几十年的实践,我国矿区地表帷幕注浆技术已日趋成熟,从局部注浆堵水到大型帷幕注浆防水,都取得了较好的应用效果,其中有些注浆技术已达到国际先进水平[17-23]。

矿区地面注浆帷幕截流技术大量节省了矿山排水电费和采矿费用,显著提高了经济效益,并且解决了疏干排水方法无法解决的环境地质问题以及社会问题。但是,其堵水率相对较低,实践表明大多数采用此方法的冶金矿山平均堵水率不足70%[24](表1.1),同时地面帷幕注浆因投入较大、工期较长、对矿区水文地质条件要求苛刻等方面的问题也限制了其发展的空间。

表 1.1　大水金属矿山注浆堵水率统计表

名称	治水方法	矿坑最大涌水量（m³/d）	注浆后涌水量（m³/d）	堵水率（%）
水口山铅锌矿	注浆帷幕截流	71 520	32 184	55.00
张马屯铁矿	注浆帷幕截流	20 400	3 672	82.00
黑旺铁矿	注浆帷幕截流	91 999	36 800	60.00
铜录山铜矿	注浆帷幕截流	10 959	5 041	54.00
平均				62.75

②井下近矿体顶板帷幕注浆技术。它是大水金属矿山防治水技术方法的创新,不仅解决了疏干排水方案引起地面塌陷、雨季突水隐患以及高昂的排水费用等问题,也解决了地面矿区帷幕截流防治水技术堵水率较低、工程造价高以及对矿区水文地质条件要求较高等多方面的问题。学者和专家们[11-12,25-26]对井下近矿体顶板帷幕注浆技术进行了深入的研究,取得了较好的效果。如今,井下近矿体帷幕注浆技术已在多个大水金属矿山实践与推广应用,其堵水率一般在85%以上,能有效地控制地面塌陷、保护矿区地下水资源等,取得良好的经济和社会效益。

③地面-井下联合帷幕注浆堵水技术。造浆、压浆在地面通过输浆孔向井下钻进的注浆孔注浆。适用于含水层较深,有可利用的井下巷道用于注浆。水口

山铅锌矿鸭公塘矿区大型帷幕注浆治水工程和谷家台铁矿,采用地面-井下联合注浆帷幕治水方案。

国外大水金属矿山,在数量上比国内少得多,且水文工程地质条件都相对简单,矿坑涌水量也小得多,其防治水方法主要是采用疏干排水,但是国外自动化控制程度较高,排水设备性能较好。

国外堵水技术方法也有发展,建造地下帷幕方法愈来愈受到重视,也认为帷幕注浆是今后矿山地下水防治工作的方向之一。目前有些国家利用挖沟机在松散层中修建帷幕,开挖、护壁、清渣流水作业,是当前国外先进的堵水截流技术。可以说,从国外大水金属矿山防治水技术现状来看,如果从其所获得的经济效益、社会效益等方面来衡量,我国的大水矿山防治水技术均处于世界领先水平。

1.2.2 围岩稳定性研究现状

采场顶板稳定性问题是地下采矿工程的一个重要研究内容,关系到工程施工的安全性及其生产期间的安全可靠性。近矿体顶板帷幕注浆堵水隔障带形成后,堵水帷幕隔障带就成了开采矿体的直接顶板,是矿山开采过程中的一道人造安全屏障,是矿山的生命线。它的有效性、可靠性,即稳定性直接关系到矿山的安全和生存,其失稳轻则造成局部堵水效果下降,大幅度增加矿山生产成本,重则导致帷幕堵水功能失效,直接造成矿山重大透水事故,致使矿井停产甚至报废。因此,注浆堵水帷幕的稳定性一直是矿山科研人员非常关注的重大安全问题[27-28]。

围岩丧失稳定性,从力学观点来看,是由于围岩的应力水平达到或超过岩体的强度范围较多,形成了一个连续贯通的塑性区和滑动面,产生较大位移最终导致失稳[29]。

根据当前围岩稳定的分析理论和数学模型,围岩稳定分析方法可以归纳为解析分析法、工程类比法、模型试验法、数值模拟分析法等。随着计算机技术的快速发展和广泛使用,数值模拟方法在研究围岩应力及变形和破坏发展的过程具有直观可视性,已成为解决工程设计和施工问题的最有效的方法。

(1)解析分析法

解析分析法是指采用数学力学的计算取得闭合解的方法。在解析分析法方面,1976 年,Goodman[30]采用赤平投影方法分析了非连续性岩体的稳定性;1977年,石根华[31]提出了在赤平透明图上判断滑落体的方法,并采用矢量代数法分析岩体的稳定性,此后中科院地质所的孙玉科[32]、王思敬等[33]在应用赤平极射投影和实体比例投影分析法进行地下工程围岩稳定分析方面的研究,取得了大量的成果;张子新等[34]运用块体理论赤平解析法分析了硐室稳定性,确定了失稳的块体;1983 年,于学馥等[35]采用复变函数计算进行围岩应力与变形计算,得出了弹性解析解。可用解析分析法解决的实际工程问题十分有限,特别是在岩体的应力-应变超过峰值应力和极限应变,围岩进入全应力-应变曲线的峰后段的刚体滑移和张裂状态时,便不再适用了,但解析分析法具有精度高和得到一些规律性研究成果等优点。随着工程实践的不断深入,该方法已较为成熟。

(2)工程类比法

工程类比法是地下工程围岩稳定性评价的重要方法之一,将拟建工程的工程地质条件、水文地质条件和岩体力学特性等因素同具有类似条件的已建工程,开展资料的综合分析和对比,从而判断拟建工程区岩体的稳定性,取得相应的资料进行稳定计算。自 1926 年前苏联普罗托奇雅可诺夫以岩石的"坚固性"作为分级依据,提出普氏坚固性分级,随后国内外学者根据工程实践提出不同的围岩分类标准,如美国伊利诺斯大学 Deere[36]在 1963—1968 年间提出并逐步发展 RQD(岩体质量指标)分级,挪威学者巴尔通(Barton)等[37]提出了岩体质量分级,南非 Bieniawski[38]提出南非地质力学分级(RMR),谷德振[39]的岩体质量指标 z 系统分类等。东北大学林韵梅教授等[40-43]在对国内外稳定性分级分析研究的基础上,提出一种以准岩体强度 L 为指标将岩体划为五级的分级方法;通过聚类分析和逐步回归等多种数学方法研究了《工程岩体分级标准》(GB 50218—94)[44]中 BQ 公式的理论依据。

(3)模型试验法

其依据是相似性原理和量纲分析原理,模拟试验采用某种人工材料,应用相似原理,根据所模拟的实体原型制成相似模型,通过对模型上有关力学参数、变形状态的测试与分析进而推断在实体原型上可能出现的力学现象与力学规律。针对理论分析中的缺陷和不足,国内外不少学者开展了大量的模型试验研究工作,得出了许多有益的结论。如荷兰 Bandis[45]等进行了模拟高地应力条件下的圆形洞室开挖模型试验后认为:即使在超高应力条件下,围岩的各向异性性质还是很明显,其二次应力和变形都由岩体构造控制。陈霞龄等[46]通过平面应变和三维两种破坏模型对地下洞室的稳定性进行了研究。赵震英[47]采用模型试验的手段,对洞群开挖全过程围岩的应力和位移分布进行了深入研究,讨论了围岩破坏过程以及安全度等问题。唐东旗等[48]开展了断层带留设防水煤柱开采的相似模拟试验研究。胡耀青等[49-50]从固流耦合的理论出发,运用相似理论推导了三维固流耦合作用下的相似模拟准则,利用典型的隔水层与含水层的相似材料,研究了承压水上采煤底板各含水层水压分布随采动的变化规律。刘爱华等[51]研制了可模拟深部开采突水机理的模型试验系统。李向阳[52-55]采用相似模拟的方法研究了木架山矿区倾斜采空场处理时的地表移动与覆岩破坏规律。孙世国等[56]做了开挖对岩体稳态扰动与滑移机制的模拟试验。

（4）数值模拟分析法

随着计算机技术和相关软件的发展,数值模拟分析已成为解决地下岩土工程问题的有力工具,在地下工程围岩稳定性分析中得到了广泛的应用。数值分析能很好地考虑介质的非线性、各向异性以及性质随时间和温度变化、复杂边界条件等问题,解决经典解析法无法克服的缺陷。利用数值方法可以对地下工程开挖过程中的地压活动规律进行模拟,结合相关的力学知识,分析围岩的变形、地应力的分布和塑性区的范围,从而对其围岩进行稳定性评价,预测预报可能发生破坏的范围,以便采取相应的措施确保安全,避免事故发生。根据分析原理、基本思路和适用条件等方面划分,目前常用的数值模拟可分为以下几种:

①有限元法（FEM）。有限元法的思想在 20 世纪 40 年代就已形成,该方法发展至今已相当成熟,是目前使用最广泛的一种数值方法,可用来求解弹性、弹塑性、粘弹塑性、粘塑性等问题,是地下工程岩体应力应变分析最常用的方法。

在早期的数值模拟研究中,大多采用有限元分析方法,Cividini 等[57-63] 的研究,标志着 20 世纪 90 年代国际上在这方面的研究水平。我国的孙均等[64]、骆念海等[65]、张玉军等[66] 利用有限元模拟也做了大量的研究工作。马文瀚等[67]、黎斌等[68]、程晔等[69] 运用有限元强度折减法与优化理论进行了溶洞顶板稳定性分析研究。在有限元基础上,东北大学刘红元等[70-71] 开发了岩层断破过程分析程序（SFPAR²ᴰ）;杨天鸿等[72-73] 开发了岩石损伤破裂过程渗流-应力耦合分析系统 F-RFPA²ᴰ,用于模拟岩石介质逐渐破坏过程,其中渗流分析和应力分析求解器均是采用有限元法进行;杨天鸿等利用该系统对岩石裂纹的萌生、扩展过程中渗透率演化规律及其渗流-损伤耦合机制进行了模拟分析,对采动岩层破坏突水通道形成特征和并行渗流耦合数值仿真结果进行综合反演,揭示岩层破断突水前兆规律。有限元分析法的不足之处在于有限元法只适用于连续介质,对于非连续介质计算结果不理想。

②不连续变形分析（DDA）方法。块体系统不连续变形分析（Discontinuous deformation analysis）是基于岩体介质非连续性发展起来的一种新的数值分析方法[74-75]。它是平行于有限元法的一种方法,其不同之处是可以计算不连续面的位错、滑移、开裂和旋转等大位移的静力和动力问题。将 DDA 模型与连续介质力学数值模型结合起来,如将 DDA 模型与有限元数值方法结合,应该是 DDA 模型工程应用研究的发展方向。

③离散单元法（DEM）。1971 年,Cundall 等[76] 提出离散单元（Distinct element method）模型,且 Cundall 和 Hart[77] 合作成功地开发出了相应的二维和三维计算程序以来,这一方法已在岩土工程问题中得到越来越多的应用。东北大学王泳嘉等[78-80] 于 1986 年首次向我国岩石力学与工程界介绍了离散单元法的基本原理及应用例子,其后离散单元法在我国发展迅速。邢纪波等[81]、王国强

7

等[82]、王强等[83]相继开展了对离散单元法的深入研究,有效地模拟了岩体变形与破坏过程。离散单元法的一个突出功能是它在反映岩块之间接触面的滑移、分离与倾翻等大位移的同时,又能计算岩块内部的变形与应力分布。

④有限差分法(FDM)。有限差分法(Finite differential method)是先从物理现象引出相应的微分方程,再经离散化得出差分方程,由参数的差分公式求解微分方程;其求解方式可分为显式和隐式两种[84]。近年来基于连续介质力学的数值方法显式快速拉格朗日差分分析法(Fast lagrangion analysis of continuun,FLAC)在岩土工程中得到了广泛的应用[85-87]。陈育民等[88]提出了基于该方法的分析模型,分析了页岩中水压力对隧洞稳定性的影响。胡斌[89]开发了FLAC^{3D}前处理程序(FLAC^{3D} pre-processing package),成功实现了建模自动化,并且把真实地形、地貌反映到计算模型中。姜文富[90]采用FLAC^{3D}流固耦合数值分析,定量化地模拟了在矿压、渗流水压(水头)一定的条件下导水断层破碎带注浆加固方案的优化设计。匡顺勇等[91]、李树忱等[92]采用FLAC^{3D}流固耦合数值分析方法分析了大水矿山顶板突水机理和海底隧道顶板厚度计算。李树忱等[93]根据弹性理论,建立基于单元的安全系数法,通过FLAC^{3D}中的FISH语言实现了围岩稳定安全系数的求解过程。FLAC主要用于模拟由岩土体及其他材料组成的结构体在达到屈服极限后的变形破坏行为,该方法能更好地考虑岩土体的不连续和大变形特性。

⑤边界元法(BEM)。边界元法(Boundary element method)又称为边界积分方程法,是20世纪70年代兴起的一种数值分析方法。Crough和Starfield首次系统地介绍了边界元法的几种方法及其在岩石力学问题中应用的例子[94]。Brady和Brown详细介绍了边界元直接法和间接法的计算公式[95];Crotty和Wardle于1985年提出了能分析含有连续弱面的非均匀介质的边界元程序[96]。边界元法因为网格剖分简单,计算工作量及对计算机内存容量要求低,在某些问题中也是一个很好的方法。但是边界元法对变系数、非线性等问题较难适应,且它的应用是基于所求解的方程有无基本解,因此,限制了边界元法在更广泛领域的应用。

其他的数值方法还有不连续变形分析[97]、块体弹簧元法[98]等。

(5)其他方法

除了上述常用的方法外,还有一些新的理论和方法也在围岩稳定分析中得到应用,如模糊综合评判法、突变理论等[99-100]。

1.2.3　围岩稳定性监测技术研究现状

我国目前已有40多个矿山推广应用了矿山帷幕注浆堵水技术,其中有多个岩溶水矿山运用了近矿体顶板帷幕注浆堵水技术,消除了岩溶水对矿山开采构成的威胁,解放了大量的矿石资源,解决了许多矿山的生存问题,同时也为其他行业的堵水、抗渗、加固等工程提供了有力的技术支持[28]。矿体顶板注浆防水帷幕既是隔水体,又作为采场的顶板,兼有防水和保持采场顶板稳定的双重作用,一方面注浆帷幕体要承受采空区顶板的应力集中,另一方面要抵抗幕外的静水压力。因而注浆堵水帷幕隔障带的稳定性对大水矿山的安全高效开采起着至关重要的作用,是矿山企业和安全科研人员非常关注的重大安全科技问题,对它的监测及监测方法的研究也从未间断过。

注浆帷幕隔障带的厚度较小,可能因采矿作业扰动而产生破坏,引起突水淹井特别重大事故,给企业造成重大损失。因此,如何对注浆帷幕隔障带进行准确的稳定性评估,从而对矿山动力灾害进行有效的预报和预警成为矿山安全生产的关键[101]。

传统的矿山岩体稳定性监测手段是对原位岩体的变形或应力状态进行现场测量,利用数值模拟手段对岩体应力状态进行标定[102-103]。随着科技的不断进步,国外较早地研制了智能监测方法如3D动态空区激光监测系统、微震监测系统等[104],特别是微震(Microseism,MS)监测技术是利用岩体受力变形和破坏过程中释放出的弹性波来监测工程岩体稳定性的技术方法。目前,多通道微震监测技术在南非的深井金矿及美国、加拿大、澳大利亚、智利等采矿大国的金属矿山和波兰等国的煤炭矿山得到了普遍使用,成为矿山动力地压灾害监测和安全生产管理的主要手段[105-108]。

我国的声发射研究起始于20世纪70年代,武汉安全环保研究院等单位相继开发研制或改进了一系列的声发射仪。近年来,微震监测技术在国内地压监测方面也逐渐使用。自2001年李庶林等[109]采用加拿大ESG公司技术在凡口铅锌矿建立了64通道全数字型微地震监测系统以来,姜福兴等[110]、杨承祥等[111]在微震监测系统技术方面进行了深入的研究探索。目前国内多家矿山和水电站都相继建立了微震监测系统[112-114]。特别是张马屯铁矿首次将微震监测技术应用于监测注浆帷幕的稳定性[101],探索研究注浆帷幕在高水头压力作用下岩体产生微破裂的前兆,岩体内部应力重分布,从而发生突水、岩爆等动力灾害的可能性。

由于注浆堵水帷幕的特殊性,其稳定性监测方法还有地质水文观测孔水位和水温监测方法[28,115],通过布设水文观测孔,定期比较帷幕内外的水位、水温等数据,了解帷幕的堵水效果及其变化规律,从而达到监测注浆堵水帷幕稳定性的目的。利用物探方法[116]对矿山注浆帷幕效果进行检测,就是采用电法勘探的技术,通过分析注浆前后各个岩层电阻率变化,从而判断注浆效果的好坏,进而分析判断注浆帷幕的稳定性。

20 世纪 90 年代,随着光纤传感技术的发展,采用光纤传感技术监测岩体变形的理论和技术得到深入的研究,光纤监测技术逐步应用于矿山地压监测实践。

1.3 存在问题

(1)利用帷幕注浆堵水隔障技术解决矿山突水问题在我国大水矿床矿产资源开发中已为常见,但堵水后存在承压水的作用,再加上采动的影响,有发生地压灾害与突水灾害的危险。目前对此项技术的有效性及可靠性,即稳定性研究较少,对帷幕注浆堵水隔障条件下地压灾害发生的前兆信息特征研究也尚少。

(2)帷幕注浆堵水隔障后地压灾害的监测预警和控制技术方法滞后于矿山安全的发展。实践证明,采用地压监测技术对矿体开采引起的地压作用下岩体微破裂可以收到较好的效果,但到目前为止,在帷幕注浆堵水隔障后地压灾害监测方面的研究还存在空白。因此,开发岩体微破裂声发射等实时监测系统及技术,建立帷幕注浆堵水隔障地压监测方法与监测技术,对于控制大水矿井地压灾害的开采工艺和方法,提高注浆可靠性和有效性具有重要意义。

1.4 主要研究内容及技术路线

本书在对矿区的区域工程地质和水文地质调查基础上,研究岩溶水矿山近矿体顶板帷幕注浆堵水的可行性和注浆堵水工艺,对注浆帷幕堵水隔障带岩石力学性质进行室内试验,并研究矿体顶板帷幕注浆堵水机理;应用理论分析和数值模拟等方法研究注浆后的注浆帷幕堵水隔障带的稳定性,研制注浆帷幕堵水隔障带稳定性监测系统。研究内容主要有以下几部分:

(1)矿区地质特征资料收集及总结分析。查阅与岩溶水矿床相关的文献,了解岩溶水矿床水害治理技术的研究现状和发展趋势。同时对围岩稳定性和监测技术研究现状进行总结,以此为基础,提出研究背景、意义和研究内容。

(2)近矿体顶板帷幕注浆堵水的可行性和注浆堵水工艺研究。根据矿区工程地质和水文地质特征,从帷幕注浆堵水隔障工艺、注浆参数、帷幕注浆施工设计与效果检测等多个方面,研究近矿体顶板注浆帷幕厚度和灰岩帷幕注浆堵水工艺。

(3)帷幕注浆堵水隔障带力学性能试验研究。通过室内试验测试矿体及其围岩的物理力学参数,对比矿体围岩的物理力学特性在注浆前后的变化,研究帷幕注浆的堵水机理;分析评价注浆岩体的单轴抗压能力,提高在较大变形范围内保持稳定的承载能力,增强工程岩体抵抗外力破坏的能力。

(4)帷幕注浆堵水隔障带稳定性评价。由于受到岩体内部结构和外部环境等多种因素的综合作用,围岩稳定性具有随机性、模糊性特点。引入集对分析理论,运用其处理不确定性系统的优势,从同、异、反角度,分析注浆帷幕堵水隔障带的稳定性,得到围岩稳定性联系度,讨论差异度系数和指标权重对注浆帷幕堵水隔障带稳定性的影响。

(5)帷幕注浆堵水隔障条件下覆岩区带研究。采用流固耦合渗流动力学仿真等方法,研究帷幕注浆堵水隔障后覆岩沿纵深方向的力学特性及变形机理。提出用于描述覆岩力学特性及变形机理的宏观指标体系,建立基于宏观指标体系的区带理论。应用数值模拟分析方法,建立矿房开采数学模型,模拟在实际开采过程中,通过顶板(即帷幕注浆堵水隔障带)、矿柱内应力场的分布、破坏场的发展及位移场的变化,预测采掘活动能否引发突水。

(6)帷幕注浆堵水隔障带稳定性监测技术研究。研究岩溶水矿井长期大面积开采后形成大范围采空区条件下的堵水隔障稳定性监测和控制技术,在分析注浆堵水后岩石物理学性质变化的特性基础上,应用光纤声发射技术检测岩溶水矿井注浆堵水帷幕的稳定性技术,实现注浆堵水帷幕的稳定性监测。

研究框架见图1.1。

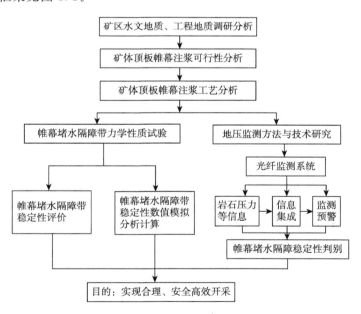

图 1.1 研究框架

第 2 章　近矿体顶板帷幕注浆堵水工艺研究

2.1　概述

谷家台矿区位于山东省莱芜市城西北 8 km 处,地处方下镇管辖范围内。谷家台矿区位于莱芜盆地的底部平原,周围为农田,区域构造属鲁西弧形断裂构造体系,莱芜弧形断裂向北凸出的俯侧,是三面环山、向西开口的箕状复向斜断陷盆地。盆地内为较低平的汶河冲积平原,东部矿山背斜为凸起的山丘,谷家台矿区位于该背斜之西翼。

区域地表水系由周边向内汇流。汶河是区内主干河流,由东向西贯穿全区,是区内地表水及地下水汇集、排泄通道。此外还有嘶马河、方下河,自北向南经矿区入汶河。河流径流来源主要为大气降水补给,部分为地下水补给,长年基本不断流。

2.2　矿区地质

2.2.1　矿区地层

矿区地层分布自上而下分为四层,即第四系、第三系、中奥陶系和燕山期闪长岩。

(1)第四系潜水含水层:第四系厚度一般为 10～15 m,最厚 24.16 m,一般具双层结构,上部 1～3 m 为砂质黏土;下部为粉细砂及粗砂砾石。沿河床一般为粗砂、砾石,底部砾石直径较大,可达 20～30 cm。

(2)第三系砂岩层:第三系岩性以红色砂岩和粉砂岩为主,底部常有数十米厚的砾石、泥质及砂质胶结,砾石大部分为灰岩,磨圆度较好,分选性差。该层除四个“天窗”缺失外,遍布全区,一般厚度为 100～200 m。矿区北部最厚,为 300～500 m,西部为 200～300 m。根据抽水资料单位涌水量 $q = 0.000\,17 \sim 0.000\,018$ L/(s·m),渗透系数 $k = 0.000\,251 \sim 0.000\,032$ m/d。含水性极弱,可视为隔水层,见图 2.1。

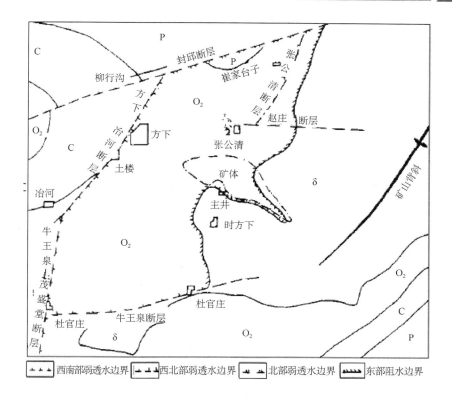

图2.1 矿区边界条件示意图

（3）中奥陶系灰岩（大理岩）岩溶裂隙含水层：矿区内分布的灰岩（大理岩）为奥陶系四、五、六段，岩性一般为质纯的深灰色厚层的大理岩及灰岩，渗透系数 $k=0.007$ m/d，伏于第三系红色砂石之下，沿矿山背斜西翼呈 NE—SW 带状分布，由接触带向外逐渐加厚，最大厚度 680 m，一般顶板埋深 $100\sim200$ m，北部大于 400 m。

（4）燕山期闪长岩：是矿区灰岩（大理岩）的良好隔水底板，在矿体范围内分布尤其稳定。闪长岩含水微弱，仅在其表面风化带和构造裂隙中含裂隙水。$q=0.1\sim0.8$ L/(s·m)，$k=0.05\sim0.1$ m/d。其深部构造裂隙中含有裂隙水，但含水性微弱。

2.2.2 矿区构造

盆地构造以断裂为主，褶皱次之。

（1）东西向断裂

①塔子—石门官庄断层。该断层在区内活动强烈，在盆地南部边缘近东西向展布。断层倾向盆地内侧，倾角 $60°\sim85°$，断层南盘上升，北盘下降，具压性

13

特征。

②杜官庄—牛王泉及赵庄断层。两断层近东西向,切割了第三系及岩体,使中奥陶系灰岩与第三系砂岩呈断层接触,具压性特征。

(2)弧形断裂

即莱芜弧形断层,由两条大致平行的弧形断层所组成。外弧为大王庄—铜冶店—铁铜沟断层,内弧为口镇—颜庄断层。断层倾向盆地内侧,倾角 50°～85°,断距千米以上,显示挤压特征强烈。

(3)弧形褶皱

为弧形断裂的二序次构造。主要褶皱构造如下:

①八里沟向斜。位于盆地东南。其核部为侏罗系地层,上部被第三纪地层所覆盖。两翼为中奥陶纪及石炭、二叠纪地层组成。向斜轴呈北东向展布,由于受东西向断裂干扰,其南端渐转为东西向。

②矿山背斜。位于盆地内东部。燕山期闪长岩沿背斜轴部侵入,两翼为中奥陶纪及石炭、二叠纪地层。轴的走向大致为北北东向,微向东南凸。其南端渐转为近东西向、北端近南北向。

(4)北北东向断裂

规模不大,是东西向断裂的次一级构造,如牛王泉—茂盛堂断裂和鹁鸽楼—东泉河断裂。其走向为北 15°东或北 30°东。

2.2.3 围岩蚀变

矿床范围内的围岩由于经受热变质、接触交代等变质作用,围岩蚀变明显,愈靠近矿体蚀变愈强,远离矿体则蚀变逐渐减弱,大体上可分为内外两个蚀变带。

(1)内蚀变带:一般位于矿体底板或在矿体内呈夹层出现,由闪长岩类蚀变而成。主要岩石类型有透辉石绿帘石矽卡岩、透辉石方柱石矽卡岩,一般呈黄绿-灰绿色,粒状变晶结构,局部可见自形、半自形粒状变余结构,块状构造。

(2)外蚀变带:主要位于矿体顶板及矿体中夹层,分布不甚普遍,且厚度较小,由沉积碳酸盐类岩石蚀变而来。主要岩石类型有绿帘石透辉石矽卡岩、磁铁矿化蛇纹石透辉石矽卡岩,局部有蛇纹石滑石岩。

2.3 矿区水文地质

2.3.1 矿区水文地质特征

矿区地表水系丰富,主干河流流经矿区。矿区地层第四系沙砾石层富含孔隙水;中奥陶系灰岩含水层为矿体的直接顶板,岩溶裂隙发育,富水性强,导水通道畅通;第三系红色砂岩层,厚度较大,是良好的隔水层,隔绝第四系与中奥陶系灰岩的水力联系,但是局部缺失,形成"天窗";矿体底板闪长岩凸起,由于成矿热液作用,形成了较厚的内蚀变带,即矽卡岩层,加之构造裂隙的切割破坏,使得该区域的岩体完整性很差,富含裂隙水。总的来说,谷家台铁矿是一个静储量大、动储量也大的矽卡岩型大水矿山[20]。

2.3.2　矿区主要充水因素

根据对谷家台矿区范围内地下水的形成条件和含水特征分析,谷家台矿床主要充水因素有三:第四系潜水含水层含水、中奥陶系灰岩(大理岩)岩溶裂隙含水层含水及构造裂隙水。

(1)第四系潜水含水层含水

第四系砂砾石层含水丰富,接受大气降水和地表水补给,水位埋深1~3 m,透水性强,渗透系数$k=50$~300 m/d,单位涌水量$q=4$~25 L/(s·m),为矿区主要含水层。

(2)中奥陶系灰岩(大理岩)岩溶裂隙含水层含水

中奥陶系灰岩(大理岩)是矿区主要含水层,岩溶裂隙发育、富水强、水循环交替条件好。双主孔抽水试验证明,主孔水位降深值与矿体上部6个观测孔降深值近似,地下水在矿体范围内呈平盘式下降,地下水连通性好;降落漏斗扩展迅速,3 min即影响到2500 m之外,抽水35 h可影响到7~10 km;抽水降落漏斗受边界条件控制,呈NE—SW走向的椭圆形,且在边界附近形成水位陡坎,显示了矿区的边界特征。

(3)构造裂隙水

在矿床范围内,已探明或揭露的断裂构造有三条,即矿床东区的-3~19勘探线之间的F_1断层、23勘探线的Fa断层、28 A勘探线的北东向断层。其中F_1与Fa断层为压扭性或压性断层,该类型断层通常被认为是不导水的。但是在灰岩含水层内,在次级构造裂隙或成矿构造的作用下,在断层两侧的局部位置可能形成溶蚀,进而形成储水或导水空间。如Fa断层,在-10 m、+1 m水平穿脉掘进揭露,无论是在矿体还是在上盘灰岩断层带均干燥无水。但在+11 m水平揭露断层后,由于次生构造作用,在断层上盘灰岩产生了一些导水通道,矿体在裂隙切割、水蚀、氧化等共同作用下,稳固性很差,易冒落,出现少量涌水,从某种意义上讲断层切断两侧含水层的水力联系。28 A勘探线的北东向断层从钻孔揭露情况看,该断层属张性断层,由于主断层及次生构造的共同作用,在灰岩含水层内断层带及两侧破碎带岩溶裂隙发育充满地下水,1999年的透水现象表明断层沟通了两侧含水层,既产生水平的水力联系又导致上下含水层间的垂直水力联系,断层成为沟通不同层状含水层和矿体的富水带,使矿床的水文地质条件变得更加复杂。

2.3.3 矿区"天窗"特征

矿区内共有四个"天窗",即赵庄"天窗"、主孔"天窗"、牛王泉"天窗"和杜官庄"天窗",见图 2.2。

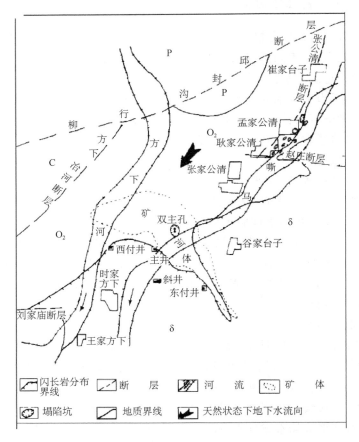

图 2.2 赵庄、主孔"天窗"地面位置图

(1)赵庄"天窗":位于耿公清村东,嘶马河河床,赵庄断层北侧,张公清断层东侧,距离谷家台矿床 1.2 km,两断层交汇形成中奥陶系灰岩断块凸起。第四系水位高于灰岩水位 3~8 m,对灰岩水产生补给,其最大渗漏量为 1.5×10^4 m³/d。

(2)主孔"天窗":位于矿体之上,"天窗"范围内第四系厚度 7~10 m,为双层结构,上部为轻亚黏土、亚砂土类粉细砂层,下部为砂砾石层。第四系砂砾石层

16

接受大气降水及地表水补给,含水丰富,透水性强,水位埋深 $1\sim3$ m,其最大渗漏量为 1.13×10^4 m³/d。赵庄"天窗"和主孔"天窗"位置见图2.2。

(3)牛王泉"天窗":位于牛王泉村东侧,该处第四系厚度约 10 m,上部为 $4\sim$ 6 m 砂质黏土层,下部为 $4\sim5$ m 砂层,第三系缺失,第四系与灰岩直接接触。1973 年大抽水期间灰岩地下水已下降至第四系底板之下,牛王泉干涸,转化为垂直补给源,但地面未见塌陷,预测其渗漏量不大。

(4)杜官庄"天窗":位于杜官庄北、矿区西南 2.5 km 以外的汶河中。灰岩在河床中出露,部分埋于砂层之下。1973 年抽水试验时,"天窗"的灰岩水位已脱离河床第四系底板,达到最大渗漏条件,两岸灰岩水位差 2.22 m,但未见塌陷,其渗漏量为 0.37×10^4 m³/d。但是,杜官庄"天窗"位于汶河河床下,灰岩与第四系直接接触,具备渗漏条件,被认为是矿床充水的潜在威胁。

2.3.4 矿区地下水的补给、径流、排泄

(1)矿区地下水的补给来源

矿区灰岩地下水的补给来源有二,侧向补给和垂向补给。侧向补给主要来自西南部边界,补给范围较大。其次在矿区内地下水位大幅度下降时,西北边界内外水位差加大,地下水将通过这一边界补给矿区。垂向补给来自矿区内四个"天窗"补给下伏灰岩。尤其是赵庄"天窗"和主孔"天窗",自然状态和抽水状态下,第四系水位均高于灰岩水位,长期下渗补给。

(2)地下水的径流、排泄

自然状态下,西南和东北部地下水都向牛王泉汇流排出。通过历次抽水试验,在矿坑涌水量超过 4000 m³/d 时,地下水流向就变为自西南及东北向矿坑汇流。

对整个矿区来说,其水文地质特征是静储量大,动储量补给也较大,地下水径流条件好,灰岩的岩溶裂隙发育分布极不均匀,造成灰岩的富水性不均匀。综上所述,谷家台铁矿矿区属水文地质条件复杂的矿床。

2.4 近矿体顶板帷幕注浆可行性研究

2.4.1 近矿体顶板帷幕注浆条件

近矿顶板灰岩驱水封闭系统注浆堵水实质是一种地下封闭帷幕注浆,即通过注浆形成四周都不透水的封闭空间。它要求首先必须查明矿床地下水的垂直补给和侧向补给,矿层之上含水层的分布状态及水力联系,隔水层的空间分布

等,一般地矿区实行帷幕注浆应考虑下述情况[14]:

(1)矿区涌水量大,疏干排水费用太高。

(2)用疏干排水的方式会引起矿区附近河床渗漏,威胁矿山安全生产,或引起矿区周围城镇、乡村地下水源枯竭的岩溶矿床。

(3)用疏干排水方法会引起地面塌陷等环境灾害,而塌陷区内的铁路、公路、河流、厂房、居民无法迁移或无力迁移的岩溶矿床。

(4)在帷幕两端和底部均应有稳定、可靠的不透水边界,可以是隔水层阻水断层,或是岩溶不发育弱发育的相对隔水带。在厚层灰岩中建造帷幕,底部不透水岩层往往很深,但灰岩受侵蚀的深度一般受某一基准面所控制,通常是附近的海平面、较深的河谷、峡谷、坡立谷或大型洼地的最低部。在最低地下水位之下不远,一般不再有大的岩溶通道。

(5)矿区地下水有明显的主补给方向,存在强径流带等。

谷家台矿床地处莱芜盆地,是地下水汇集之处,矿床之上地表有两条河流流过,河流雨季流量较大。地表有富含水且补给条件较好的第四系流沙层,通过第三系红砂岩隔水层缺失部分(即所谓"天窗")与矿体顶板灰岩含水层相连,补给丰富,地下水侧向补给主要来自西南灰岩露头。矿区正常涌水量约 $7 \times 10^4 \sim 8 \times 10^4$ m³/d,最大涌水量 10×10^4 m³/d,属于大水矿床。

谷家台矿区内有两个含水层,即第四系冲积洪积砂砾石含水层和奥陶系灰岩岩溶裂隙含水层,其余地层均为隔水层。矿区水文地质边界清楚,东面由闪长岩体组成的矿山背斜,北、西、南三面为弱透水边界围绕,断层内外水力联系微弱,唯有西南部有宽 1000 m 的灰岩透水带,成为矿区地下水的主要侧向补给通道。矿区内的四个"天窗"是矿区地下水的垂直补给来源。

上述表明,谷家台属于大水矿床,顶板为灰岩含水层,矿体和矿体底板闪长岩为弱透水层和不透水层,只要将矿体顶板含水层和矿岩边界带形成注浆帷幕即可构成隔水封闭采矿空间。

目前我国风动卸料式散装水泥运输车、大型钢结构散装水泥罐、振动给料机、水泥螺旋输送机、自动称重系统、大容量水泥浆搅拌机等供料制浆系统及各种型号的专用或代用注浆泵完全能满足近矿顶板灰岩封闭系统注浆要求。

2.4.2　注浆方案技术比较

本节仅就地表帷幕注浆方案(简称方案Ⅰ)和近矿体顶板灰岩帷幕注浆方案(简称方案Ⅱ)进行对比分析[117],见表 2.1。

表 2.1　注浆方案技术经济比较

序号	项目内容		方案 I	方案 II
1	堵水效果		约70%	85%以上
2	一次性投资(万元)		1869	871
3	吨矿防水费(元/t)		24.31	17.81
	其中	注浆	9.77	14.39
		排水	14.54	3.42
4	防止地面塌陷		较少防止	基本上没有塌陷
5	对西区和深部采矿作用		不起作用	继续起作用
6	施工难易程度		很难	一般

从表2.1不难看出:

(1)方案 I 堵水效果按70%计,是国内地表帷幕注浆堵水率较高的水平;而方案 II 的堵水率按85%计,还有一定的提高空间。

(2)方案 I 对−10 m 以下不再起堵水作用,而方案 II 仍然有较大的机动性,可以根据继续揭露的水文地质情况调整注浆工艺参数后再注浆,继续起作用。

(3)方案 I 的一次性投资是方案 II 的2.15倍,所有地表帷幕注浆孔仅能封堵−10 m 水平以上的地下水。而方案 II 注浆孔不仅可以封堵−10 m 以上的地下水,同时起到探矿、探水作用,尚有继续降低施工费用的余地。

经过两种方案对比分析,选用近矿体顶板帷幕注浆方法进行堵水更经济实用。

2.4.3　注浆材料

近顶板灰岩帷幕注浆是针对灰岩体内的岩溶裂隙及断裂构造等导水通道进行的,起到堵水与连接加固的作用。需要浆液具有流动性好、稳定性好,结石体抗渗透性好,结石率高、结石体强度大、对地下水环境无污染等特性。目前国内注浆材料种类较多,相当部分的注浆材料价格高,甚至污染环境,不宜使用。单液水泥浆货广价廉,性能好,浆液稳定性好,制浆及灌注工艺简单,结石体强度高,结石体长期在水中浸泡不易发生态变,是矿山注浆堵水的首选材料。经过实践应用,单液水泥浆基本满足上述要求。实际可以选择以单液水泥浆或单液水泥浆掺少量速凝剂浆液为主要注浆浆材,以水泥-水玻璃双液浆为辅助浆材在特殊情况下使用。

2.5　注浆帷幕安全厚度研究

在顶板岩层破坏及顶板突水规律方面,我国学者在煤矿中进行了深入的研究,取得了一定的成果,代表性的有"上三带"理论、关键层理论、"三图-双预测法"等。

"上三带"理论[4]把由于开挖引起的指向开挖区的移动与变形的上覆岩层由下而上依次分为冒落带、裂隙带和弯曲沉降带三个部分。冒落带内岩块之间空隙较多,连通性较强,是上覆水、砂溃入井下的通道;裂隙带位于冒落带之上,弯曲沉降带之下,具有与采空区连通的导水裂隙,但总体连续性未受破坏,如果裂隙带波及含水层,可将水导入井下;弯曲沉降带为裂隙带顶界直至地表的那部分岩层,基本保持其原来的透水性能。目前国内研究者以此理论为研究顶板突水机理的基础。武强等[118]提出了解决煤层顶板涌(突)水灾害定量评价的"三图-双预测法"。

近矿体注浆堵水帷幕既可以作为隔水岩层同时又可以作为采场的顶板,所以其具有隔水和保持矿房围岩稳定的双重功效。因而选取合理的帷幕厚度是确保该技术成功的关键。帷幕厚度过小,可能因采矿作业而产生破坏,引起突水淹井,帷幕太厚,则钻孔工程量和注浆材料消耗将大幅度增加,施工周期长,成本高。目前国内外没有类似工程实例参照。黄炳仁[21]以岩体力学和弹性力学为理论基础计算注浆帷幕的厚度,高建军等[119]根据防渗标准对顶板注浆帷幕厚度进行了计算。

2.5.1 按抗压强度计算帷幕厚度

根据矿体顶板注浆帷幕的作用机理,注浆帷幕厚度可分为有效厚度和无效厚度两部分,如图 2.3 所示。无效厚度 h_1 是采矿扰动作用下注浆帷幕体一定范围内产生的裂隙带,不能起到有效的止水作用;有效厚度 h_2 是未受采矿作业破坏的完整隔水体,是防渗和维持采场顶板稳定的主体。

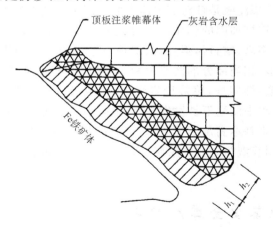

图 2.3　顶板注浆帷幕构成示意图

（1）注浆帷幕无效厚度

设采矿开采长度为 L_x，矿房宽度为 L_y，其力学模型如图 2.4 所示。

①帷幕边缘应力（采场顶板应力）

采用 Westergaard 应力函数：

$$\phi = \mathrm{Re}\bar{\bar{z}} + y\mathrm{Im}\bar{z} + \frac{A}{2}(x^2 - y^2) \tag{2.1}$$

式中，$\bar{\bar{z}}$ 为一复变解析函数；$\bar{z}$ 为 $\bar{\bar{z}}$ 对 z 的一阶导数；A 为常数。

通过上式求得应力分量：

$\sigma_x = \partial^2\phi/\partial^2 y^2 = \mathrm{Re}z - y\mathrm{Im}z' - A$

$\sigma_y = \partial^2\phi/\partial^2 x^2 = \mathrm{Re}z + y\mathrm{Im}z' - A$

$\sigma_z = \partial^2\phi/\partial x\partial y = -y\mathrm{Re}z'$

从图 2.4 中可知三个边界条件：

（a）$y = 0$，$|x| < a$，$\sigma_y = 0$，即采场上下表面没有应力。

（b）$y = 0$，$|x| > a$，$\sigma_y > \sigma_H$，即采场左右边缘存在应力集中。

（c）$y = 0$，$x \to \pm\infty$，$\sigma_x = \lambda\sigma_H$，$\sigma_y = \sigma_H$，即远采空区应力集中消失。

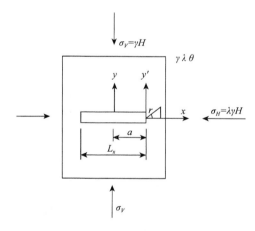

图 2.4　注浆帷幕应力计算模型

由上面三个边界条件可以推出帷幕边缘的应力表达式：

$$\left.\begin{array}{l}
\sigma_x = \dfrac{\gamma H}{2}\sqrt{\dfrac{L_x}{r}}\cos\dfrac{\theta}{2}\left(1 - \sin\dfrac{\theta}{2}\sin\dfrac{3\theta}{2}\right) \\[3mm]
\sigma_y = \dfrac{\gamma H}{2}\sqrt{\dfrac{L_x}{r}}\cos\dfrac{\theta}{2}\left(1 + \sin\dfrac{\theta}{2}\sin\dfrac{3\theta}{2}\right) \\[3mm]
\tau_{xy} = \dfrac{\gamma H}{2}\sqrt{\dfrac{L_x}{r}}\cos\dfrac{\theta}{2}\sin\dfrac{\theta}{2}\cos\dfrac{3\theta}{2}
\end{array}\right\} \tag{2.2}$$

②注浆帷幕无效厚度 h_1（即采场顶板破坏区）的计算

由弹性理论可知，求解主应力的公式为：

$$\sigma_1,\sigma_2 = \frac{\sigma_x + \sigma_y}{2} \pm \sqrt{\left(\frac{\sigma_x - \sigma_y}{2}\right)^2 + \tau_{xy}} \tag{2.3}$$

将式（2.2）代入式（2.3）得：

$$\left.\begin{array}{l} \sigma_1 = \dfrac{\gamma H}{2}\sqrt{\dfrac{L_x}{r}} \cdot \cos\dfrac{\theta}{2}\left(1 + \sin\dfrac{\theta}{2}\right) \\[3mm] \sigma_2 = \dfrac{\gamma H}{2}\sqrt{\dfrac{L_x}{r}} \cdot \cos\dfrac{\theta}{2}\left(1 - \sin\dfrac{\theta}{2}\right) \\[3mm] \sigma_3 = 0（平面应力） \end{array}\right\} \tag{2.4}$$

根据 Mohr-Coulomb 破坏准则：

$$\sigma_1 - K\sigma_3 = R_c$$

式中，σ_1、σ_3 为最大、最小主应力；R_c 为内聚力。

可推出采场破坏区的边界方程：

$$h_1 = r = \frac{\gamma^2 H^2 L_x}{4R_c^2}\cos^2\frac{\theta}{2}\left(1 + \sin\frac{\theta}{2}\right) \tag{2.5}$$

式中，θ 为破坏点与水平方向的夹角，采场顶板夹角为 90°。

（2）注浆帷幕有效厚度

帷幕体的有效厚度 h_2 主要承受灰岩含水层水压和平衡采空区的应力集中，它未受到采动破坏，可看成连续介质。假设有效帷幕体是均质各向同性，符合弹塑性力学的假设条件，其变形近似薄板的弯曲变形，力学模型如图 2.5 所示。

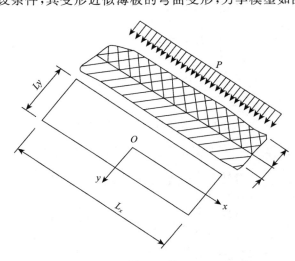

图 2.5　注浆帷幕体有效厚度计算力学模型

隔水体作为四边固支的矩形平板,板上受均布荷载水压 P 和垂直地应力 σ_H 的作用,采用弹性力学薄板理论,假设板中的挠曲函数为:

$$W(x,y) = \sum_m \sum_n \frac{W_{m,n}}{4}\left[1-(-1)^n\cos\frac{2m\pi x}{L_x}\right]\left[1-(-1)^n\cos\frac{2n\pi y}{L_y}\right] \quad (2.6)$$
$$(m=n=1,3,5,\cdots)$$

由于级数很快收敛,为简化计算取式中的第 1 项($m=n=1$)能够满足精度要求,则有:

$$W = w_{11}\cos^2\frac{\pi x}{L_x}\cos^2\frac{\pi y}{L_y} \quad (2.7)$$

根据最小势能原理可求得 w_{11},并将 w_{11} 代入式(2.7)得:

$$W = \frac{(P+\sigma_H)L_x^4 L_y^4}{D\pi^4\left[3(L_x^4+L_y^4)+2L_x^2 L_y^2\right]}\cos^2\frac{\pi x}{L_x}\cos^2\frac{\pi y}{L_y} \quad (2.8)$$

式中:D 为板的抗弯刚度。

$$D = \frac{Eh_2^3}{12(1-\nu^2)}$$

根据弹性理论应力和挠曲函数的关系有:

$$\left.\begin{array}{l} \sigma_x = \dfrac{EZ}{1-\nu^2}\left(\dfrac{\partial^2 W}{\partial x^2}+\nu\dfrac{\partial^2 W}{\partial y^2}\right) \\[3mm] \sigma_y = \dfrac{EZ}{1-\nu^2}\left(\dfrac{\partial^2 W}{\partial y^2}+\nu\dfrac{\partial^2 W}{\partial x^2}\right) \\[3mm] \tau_{xy} = \dfrac{EZ}{1-\nu^2}\dfrac{\partial^2 W}{\partial x\partial y} \quad \sigma_z = 0 \end{array}\right\} \quad (2.9)$$

将式(2.8)代入式(2.9)得到注浆有效帷幕体内的应力表达式:

$$\left.\begin{array}{l} \sigma_x = A\left(L_y^2\cos\dfrac{2\pi x}{L_x}\cos^2\dfrac{\pi y}{L_y}+\nu L_x^2\cos\dfrac{2\pi y}{L_y}\cos^2\dfrac{\pi x}{L_x}\right) \\[3mm] \sigma_y = A\left(L_y^2\cos\dfrac{2\pi y}{L_y}\cos^2\dfrac{\pi x}{L_x}+\nu L_y^2\cos\dfrac{2\pi x}{L_x}\cos^2\dfrac{\pi y}{L_y}\right) \\[3mm] \tau_{xy} = \dfrac{1-\nu}{2}A\sin\dfrac{2\pi x}{L_x}\sin\dfrac{2\pi y}{L_y} \quad \sigma_z = 0 \end{array}\right\} \quad (2.10)$$

式中:$A = \dfrac{24L_x^2 L_y^2(p+\sigma_H)Z}{\pi^2\left[3(L_x^4+L_y^4)+2L_x^2 L_y^2\right]h_2^3}$

然后根据弹性力学求解主应力公式,可求解得出:

$$\left.\begin{array}{l} \sigma_1 = \dfrac{12L_x^2 L_y^2(L_x^2+\nu L_y^2)(p+\sigma_H)}{\pi^3\left[3(L_x^4+L_y^4)+2L_x^2 L_y^2\right]h_2^2} \\[3mm] \sigma_2 = \dfrac{12L_x^2 L_y^2(L_x^2+\nu L_y^2)(p+\sigma_H)}{\pi^2\left[3(L_x^4+L_y^4)+2L_x^2 L_y^2\right]h_2^2} \\[3mm] \sigma_3 = 0 \end{array}\right\} \quad (2.11)$$

根据 H. Treasca 屈服准则:注浆帷幕有效体内部危险点产生屈服时,主应力满足下式:

$$\sigma_1 - \sigma_2 = 2\tau \tag{2.12}$$

将式(2.10)代入(2.11)式得:

$$h_2 = \frac{L_x L_y}{\pi} \sqrt{\frac{6(p + \sigma_H)(L_x^2 + \nu L_y^2)}{\tau[3(L_x^4 + L_y^4) + 2L_x^2 L_y^2]}} \tag{2.13}$$

式中,τ 为注浆帷幕隔水体的平均抗剪强度,kN/m^2;h_2 为注浆帷幕隔水体厚度(注浆帷幕有效厚度);L_x、L_y 分别为研究单元区域的长和宽,m;ν 为注浆幕体泊松比;p 为矿体顶板静水压,MPa;σ_H 为地应力,$\sigma_H = \gamma H$。

谷家台铁矿单个采场长×宽=27.5 m×20 m,静水压 p=3.65 MPa,注浆帷幕上覆岩体的平均容重 γ=27 kN/m^3;注浆帷幕体的允许抗压强度 R_c=12 000 kN/m^2;注浆帷幕体的泊松比 ν=0.2,注浆帷幕体的抗剪强度 τ=5600 kN/m^2;采场最大埋深 H=330 m。

将基本参数代入式(2.5)和式(2.13),得到采场顶板破坏区范围 r=12.96 m,则注浆帷幕体的无效厚度 $h_1 = r$=12.96 m;则注浆帷幕体的有效厚度 h_2=23.75 m,注浆帷幕体的总厚度 $h = h_1 + h_2$=36.71 m。

2.5.2 按"三带理论"计算帷幕厚度

(1)三带理论

矿体开采后,对于采空区上覆岩层移动和破坏规律的描述有不同理论。在这些理论中,描述上覆岩层沿纵深方向移动发展状态的"三带理论"(即冒落带、裂隙带和弯曲沉降带)在我国应用较为广泛。冒落带和裂隙带为导水带,弯曲沉降带一般为不导水带[120]。冒落带和裂隙带的高度之和可以作为注浆帷幕的最小厚度,如果帷幕厚度小于最小厚度,则会由于采矿的影响使注浆帷幕遭到破坏而发生透水,帷幕不安全;如果帷幕厚度大于最小厚度值,则采矿不会影响帷幕的安全,不会发生透水事故。

①冒落带。紧靠矿体上方的覆岩由于破碎而冒落的地带称为冒落带。该带内岩体常常呈拱形冒落向上发展。当冒落后的破碎岩石体积与采出矿石的体积相等时,则冒落停止向上发展,冒落后的破碎岩石起到支撑上覆未崩落岩层的作用。或者在冒落拱的下方虽尚有空隙,但因暴露面积有限,即未充分采动,覆岩自身已形成自然平衡拱,冒落即可停止。

②裂隙带。冒落带的上方为裂隙带。该带内岩层由于下沉弯曲,变形量大,使岩层沿层理裂开形成离层,并在拉应力作用下产生大量垂直于岩层的裂隙。带内岩层虽未冒落,但由于大量裂隙的出现,使带内岩体失去了原有的整体性。

③弯曲沉降带。裂隙带上方岩层仅出现下沉弯曲,呈整体移动,称为弯曲沉降带或整体移动带。该带内岩层一般不再破裂,只在重力作用下产生法向弯曲,故岩层较好地保持了原有的整体性。

(2)注浆帷幕厚度计算

冒落带的高度与矿体开采厚度、冒落岩石的碎胀性及可压实性有密切关系。同时还与采动范围、覆岩自身强度以及采空区的充填状况有关。我国学者在矿山"三带理论"方面做了大量的研究工作[121-122],提出了一些经验公式:

对于围岩中等顶板、矿体倾角小于55°的情况下,可采用以下经验公式来计算冒落带的高度:

$$H_m = \frac{100m}{4.7m + 19} \pm 2.2 \tag{2.14}$$

式中,m 为矿体的开采厚度,m。

谷家台铁矿矿房开采厚度为 20 m,矿石及岩石的松散系数均为 1.5。则根据式(2.14)计算得冒落带的高度约为 20 m。

裂隙带的高度同地质构造、岩层性质及开采条件有很大关系,一般裂隙带高度变化范围较大,根据实际观测结果,约与冒落带相仿,即裂隙带高度约为20 m。

根据"三带理论"计算注浆帷幕厚度约为 20+20=40(m)。

综合考虑帷幕注浆堵水对矿体开采的重要性,根据两种研究计算对比取大值,即实行的近矿体顶板注浆帷幕体的总厚度 h=40 m。

2.6　近矿体顶板帷幕注浆堵水施工研究

2.6.1　注浆参数

注浆参数的合理选择必须与注浆浆材的选择及水灰比相适应。所谓注浆参数主要包括注浆压力、浆液有效扩散半径、注浆时间和浆液总注入量。参数选择合理与否,直接关系到注浆效果和造价。当地质条件、浆液条件、设备条件确定以后,影响注浆效果的主要参数是注浆压力和浆液总注入量。

(1)注浆压力(P)

注浆压力是给予浆液扩散、充塞、压实的能量。浆液在岩层中扩散、充塞过程就是克服阻力的过程。注浆压力过大,浆液扩散过远,耗浆量大,会造成不必要的浪费;注浆压力过小,浆液扩散不能满足交圈和干涉叠加要求。因此,正确地选择注浆压力,是注浆堵水的关键。

根据地质资料,谷家台矿床属于富水区,岩浴裂隙发育,据113个钻孔资料统计,有 36 个在不同深度共有 125 个溶洞,溶洞最大直径 5.31 m,线溶裂隙率为 2%~5%,溶洞大部空无良好充填的特点。为减少浪费,采用壁厚注浆压力公式:

$$
\left.\begin{array}{l}
P_a = P_0 + 0.33 \sim 0.50 \\
P_b = P_0 + 0.50 \sim 0.80 \\
P_c = P_0 + 0.80 \sim 1.30
\end{array}\right\} \tag{2.15}
$$

式中,P_a 为初始注浆压力,MPa;P_0 为静水压力,MPa;P_b 为正常注浆压力,MPa;P_c 为注浆终压,MPa。

结合谷家台东区试采矿块具体条件计算的各水平注浆压力见表 2.2。

表 2.2   各水平注浆压力

注浆点处标高(m)	静水位至注浆中心处深度(m)	注浆压力(MPa)			$P_终$	备注
		P_a	P_b	P_c		
+1	175	2.3	2.6	3.1	4.4	取地面平均标高+176 m 为地下静水位标高。如是承压水,在此基础上再加上压头差压力
−10	185	2.4	2.7	3.2	4.6	
−20	195	2.5	2.8	3.3	4.9	
...	...	...	...	...	...	
−150	326	4.0			7.9	

注:表中 $P_终$ 是按静水压力的 2.5 倍估算的。

注浆实践表明,如果裂隙开度较大,表 2.2 中的压力是合宜的;但如果要求采场必须无渗漏现象,所选压力偏低,经反复试验,适合谷家台裂隙注浆压力为:初始压力 5 MPa,正常注浆 6 MPa,注浆终压 8 MPa。两年来的注浆实践和检查孔证明,浆液无跑漏现象,注浆充填结石体与岩石体紧密结合,采空区基本无渗漏现象。

(2)浆液有效扩散半径(R)

大水矿床地下矿块封闭系统注浆帷幕的关键是注浆孔与注浆孔间的浆液扩散交圈,叠加增强,形成一封闭的不透水帷幕体以屏蔽地下水,保证采矿在无水害的情况下进行正常回采。

目前准确确定裂隙浆液扩散半径尚无可靠的理论计算公式,常采用经验公式计算确定。浆液在裂隙中流动与岩石接触以及边流动边凝结的过程使浆液的流变特征随时间而变化。其计算公式为:

$$
R = \sqrt[0.21]{0.093(P_c - P_0)Tb^2 R_c^{0.21}/\mu} + R_c \tag{2.16}
$$

式中,R 为浆液扩散半径;P_c 为注浆压力;P_0 为受注裂隙内地下水压力;T 为注浆时间;b 为裂隙宽度;R_c 为注浆孔半径;μ 为浆液黏度。

根据注浆经验,结合 10 m×10 m 注浆网度,在相邻钻孔注浆浆液扩散交圈及部分重叠要求的前提下,取扩散半径 $R=8$ m,经检查孔和采矿证明,扩散半径大于或等于 6.5 m,就可以满足设计要求。

(3)注浆时间(T)

每个钻孔分段注浆的时间应小于浆液凝胶时间,以保证注浆工作顺利进行。

随着注浆时间的延长,浆液的扩散半径也随之扩大,浆液流量也随时间而变化。注浆时间与浆液凝胶时间、岩石裂隙参数、泵的生产率等因素有关,影响因素多,随机性大,用理论公式计算注浆时间与实际往往相差很大,为此采用每孔注入量(Q_k)与注浆泵的平均生产率(Q_b)来估算单孔注浆时间

$$T = Q_k/Q_b \qquad (2.17)$$

如单孔注浆量为 112 m³,采用一台 BW-250 注浆泵,则单孔注浆时间为

$$T = 112/15 \approx 7.4 (\text{h})$$

(4)浆液总注入量(Q_z)

为了达到帷幕注浆的目的,必须注入足够的浆液量,以保证浆液的有效扩散范围,形成足够的注浆厚度。浆液注入量与注浆段长、浆液浓度、岩石的裂隙率、凝胶时间等有关。由于岩石的裂隙率很难准确获取,故单孔注入量的计算只能供材料准备参考,计算方法有四种。

①采用岩石的裂隙率计算单孔注入量:

$$Q_d = A \cdot L \cdot \pi \cdot R^2 \cdot \beta \cdot n \qquad (2.18)$$

式中,A 为浆液消耗系数,取 1.5;L 为注浆段长,m;R 为浆液扩散半径,$R \geqslant 8$ m;β 为充填系数,取 0.90;n 为岩石裂隙率,%。

注浆单元的总注入量 $Q_z = nQ_d$。

②采用注浆单元总体积法计算注入量:

$$Q_z = A \cdot h \cdot L \cdot m \cdot n \qquad (2.19)$$

式中,A 为浆液消耗系数,取 1.5;h 为注浆单元高度,m;L 为注浆单元段长,m;m 为注浆单元注浆厚度,m;n 为岩石裂隙率,%。

③根据钻孔揭露的水文地质条件与钻孔涌水量来进行估算。如果钻孔揭露的导水通道以细小裂隙为主,涌水量小于 20 m³/h,浆液总注入量按单位涌水量的 0.6~0.9 倍进行估算。如果钻孔揭露的导水通道以中等裂隙为主并伴有小溶洞,涌水量为 20~50 m³/h,浆液总注入量按单位涌水量的 1~1.5 倍进行估算。如果钻孔揭露的导水通道以宽大裂隙或大溶洞为主,涌水量大于 50 m³/h,则浆液总注入量按 2~3 倍的涌水量进行估算。

④工程类比法。按照条件相似矿山的实际注浆资料计算。

单孔求和法和总体积法计算结果见表 2.3。

表 2.3　注入量及材料表

计算依据	平均每孔注入浆液体积（m³）	每孔注浆平均水泥量（t）	浆液消耗系数	浆液充填系数	总水泥耗量（t）
单孔求和法	101.6	76.21	1.5	0.9	9 983.0
总体积法	34.38	25.78	1.5	0.9	3 378
实际注入量	25.16	18.87			2 472

注：注浆孔长 42 m，注浆总体积：长×宽×高＝147 m×42 m×40 m，扩散半径 $R=6.5$ m，裂隙率为 2%，注浆孔数为 131 个。

从表 2.3 看出，凡是形成封水幕墙的注浆，采用幕墙体积乘以岩体裂隙率，再适当考虑浆液消耗和充填系数估算浆液总注入量的方法是合理的。根据单孔求和法计算的水泥消耗量远大于实际消耗量，是因为该计算公式未考虑交圈重叠部分，为此计算量偏大。实际注入量与总体积法计算量比较接近。总体积法估算为注浆工程预算提供了较为可靠的计算依据。

2.6.2　帷幕注浆施工设计

根据采准工程布置，矿区开采分段高度为 10 m，在每个 10 m 高的小分段的矿体下盘岩体内，以沿脉凿岩巷道为注浆联络巷，按规定间距 10 m×10 m 布置钻探硐室和注浆钻孔，注浆硐室尺寸为 6 m×3 m×5.5 m，注浆联络巷道可通过斜坡道与运输大巷连接。

人工注浆帷幕隔障垂直于矿体顶板方向的厚度，根据计算确定注浆帷幕厚度不小于 40 m 以上，见图 2.6—图 2.8。

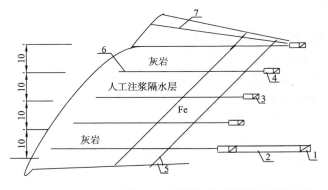

1.中段运输巷道
2.穿脉巷道
3.分段沿脉
4.注浆硐室
5.矿体倾角
6.水平注浆钻孔（3°）
7.仰角注浆钻孔

图 2.6　谷家台铁矿注浆工程剖面图

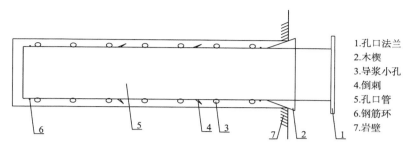

1.孔口法兰
2.木楔
3.导浆小孔
4.倒刺
5.孔口管
6.钢筋环
7.岩壁

图 2.7　孔口管埋设示意图

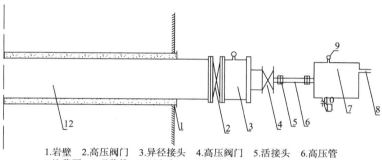

1.岩壁　2.高压阀门　3.异径接头　4.高压阀门　5.活接头　6.高压管
7.注浆泵　8.吸浆管　9.压力表　10.泄压阀门　11.泄压管　12.孔口管

图 2.8　注浆孔孔口结构图

谷家台矿床顶板灰岩岩溶裂隙含水层裂隙、溶洞发育不同,形态各异多变,具有很大的随机性,给有的放矢地布置注浆孔造成困难。

(1)注浆孔参数及布置

为保证注浆效果,形成可靠驱水注浆封闭系统。注浆孔采用均匀布置方案,即注浆孔水平间距 7 m,竖向排距 10 m,见图 2.9。

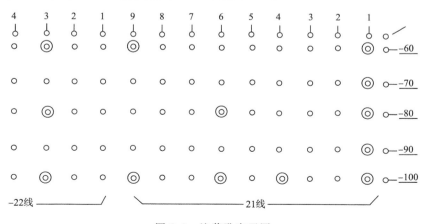

图 2.9　注浆孔布置图

图 2.9 中 1,2,…,9 指穿脉巷道号,−60～−100 表示水平。双圈表示框架注浆孔,小圆圈表示加密注浆孔。两侧倾斜孔为矿块边界孔。

根据穿脉揭露矿岩情况及地下水的分布特点,布孔方案为框架布孔,即在 −60 m 至 −100 m 的穿脉范围内沿水平方向每隔两条穿脉,竖直方向每隔一个水平布置一个框架孔,如图 2.9 中双圈所示。布置框架孔的目的主要是探水、探矿和注浆,减少由于串浆堵孔造成的浪费。框架孔全部注浆结束后,根据地下水和注浆情况,进行加密检查注浆,如采至矿体边界按图 2.9 加设保护孔。采用这种布孔方式有以下优点:

①因注浆孔间距较大,钻孔涌水量能较真实反映地下水的赋存状况和分布规律性,提高单孔水泥浆注入量的估算精度。

②后续注浆孔浆液扩散对前续孔已注范围起到叠加增强作用,使裂隙充塞经多次干涉叠加补充后,更加密实,提高堵水效果。

③框架孔同时起到探矿、探水和注浆孔作用,加密注浆孔起到检查和补注功能。

④由于注浆孔距大,钻一孔,注一孔,减少因串浆而造成的重钻工作量,提高注浆封水质量,减少检查孔数量,降低注浆成本。

⑤框架孔施工替代了专门生产勘探,并使矿石储量勘探级别上升,节约了大量生产勘探费用。

各种注浆孔的平立面布置见图 2.10。

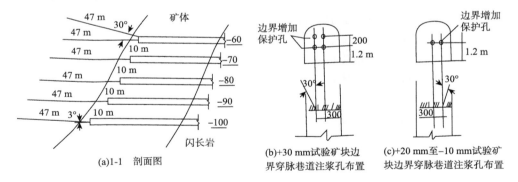

图 2.10　巷道注浆孔布置图

为保证注浆安全可靠,防止与钻孔平行裂隙漏注,在两穿脉巷道间设斜交注浆检查孔。

(2)注浆施工

开始注浆前对新组建的注浆队的工程技术人员、工段领导和工人进行为期一周的培训,使有关人员了解注浆的重要意义,掌握了设计要点和操作规程。两年多的注浆实践得出以下经验:

①在矿体中掘进穿脉应采用探水注浆掘进。

虽然地质报告说明矿体是不透水层,但实践证明有的矿体裂隙是导水的。由于未采取探水注浆措施,掘进将主导水裂隙揭露,给正常注浆造成麻烦,既影响注浆速度,又造成浪费,说明探水注浆掘进是必要的。超前探水采用普通气腿凿岩机或钻机均可,有水注浆,无水继续掘进。

②连续注浆。每一个注浆孔注浆必须保持其连续性。这需要两个保证条件:一是完好的设备,二是充足的浆量。

注浆泵能力和备用、检修质量对保证连续注浆尤为重要,尤其是涌水量大的注浆孔。经验证明,泵的流量应大于或等于 250 L/min;注浆泵不少于 3 台,即一台使用,一台备用,一台检修,一旦泵出现故障也能保证注浆连续进行。

充足的浆量指能保证连续供浆。这要求水泥必须按设计估算连续供应并有一定的富裕储备,造浆能力大于注浆泵的排浆能力。为此一个能力较大的地面造浆系统比在地下造浆优越。谷家台现有造浆系统只要水泥按计划供应就能保证注浆连续进行,不仅可以加快注浆速度,同时也有利于保证注浆质量。

③注浆顺序。保证先注框架孔后注加密孔之设计要求。其余也应实行隔孔钻孔、注浆。

谷家台大水矿床属于火成岩侵入碳酸盐类地层,形成接触变质型富铁矿。岩溶充水矿床的碳酸盐类地层发育有大小不同、形态各异的裂隙及导水构造,成为溶洞连通地下水流动通道,溶洞为充水空间,纵横交错,互相连通,形成地下复杂的网络系统。岩溶随机分布各向异性主要反映在发育方向性和连通性方面。一般构造线方向透水性,连通性好。现场实测表明,95%裂隙与钻孔直交或斜交,尚有 5%与钻孔近似平行。所以平均布孔,尤其是钻孔超前(注浆前准备出若干注浆孔),串浆是难免的,单孔涌水量也因串浆难以真实反映,给合理选择浆液浓度、注入量造成困难,重复扫孔浪费时间,增加注浆成本。因此,防止钻孔超前是节省工程量、提高注浆效果的有效措施。

框架孔重点注浆,因框架孔间距大,钻一孔注一孔,前序孔注浆为后续孔注浆创造有利条件,每孔基本能反映该孔真实涌水量,超前扩散浆液在帷幕范围内,框架孔多注,加密孔可以少注,甚至不注,这样加密孔同时就起到检查孔的作用,增加了注浆工程的可靠性。

④注浆原始资料,是分析注浆质量、改进注浆方法、降低注浆成本的最基本原始资料。施工中必须随时收集、整理、分析,并能对后续孔注浆进行预测,揭露检查,以验证其正确性,有利于不断总结经验,克服盲目性,提高每孔及系统注浆的规律性。

2.6.3　注浆堵水效果检测

谷家台铁矿,近几年先后进行了矿床地下水隐患治理、近矿体顶板帷幕注浆堵水隔障等地下水治理工程的施工,围绕大水矿床驱水封闭帷幕注浆的关键技术的应用与实践,完成了矿床主要导水构造治理、建立矿房帷幕注浆堵水隔障等项目计划的工程施工任务。注浆堵水工程量见表2.4。

表 2.4　注浆堵水工程量统计表

时间	钻孔工程量(m)	注浆水泥量(t)	备注
2007 年	11 359.00	39 948.00	隐患治理及帷幕注浆堵水
2008 年	19 984.08	29 975.00	帷幕注浆堵水
2009 年	22 385.50	12 585.00	帷幕注浆堵水
2010 年	19 295.40	18 465.50	帷幕注浆堵水
2011 年 1—3 月	5 179.74	9 522.47	帷幕注浆堵水

(1)从穿脉巷道揭露的裂隙充填情况验证

从试生产矿房的注浆质量的检查钻孔与采准穿脉巷道掘进揭露的现象来看,矿体顶板灰岩的注浆堵水效果显著,检查钻孔的最大涌水量为 3 m³/h,多数为淋水,穿脉巷道掘进、长锚索中深孔施工均无连续水流现象出现,矿房矿体顶板帷幕注浆堵水隔障形成隔水效果显著,将灰岩地下水封闭在帷幕隔障以外。矿体内发育宽大导水通道被封堵良好,失去了与灰岩地下水的水力联系,穿脉巷道掘进所揭露的矿体内一些宽大导水裂隙,绝大多数被水泥结石体充填密实,揭露后无淋水现象(图 2.11)。

在矿体内局部位置因裂隙发育,将灰岩的岩溶裂隙水直接导入矿体,因水圈氧化作用将矿体溶蚀形成溶洞,高压注浆后水泥浆液将溶洞、裂隙水驱走,水泥结石体充填封堵了储水、导水空间,使注浆单元内原本局部含水的矿体通过注浆封堵后变成连续良好的不透水体,巷道揭露后堵水效果非常明显,溶洞内水泥结石体充填密实,胶结成一体(图 2.12),溶洞无渗漏水现象,现场较为干燥。

上盘矿岩接触带部位因热液成矿地质作用,矿体顶层灰岩变质成大理岩,后期地质构造应力作用,导致接触带构造局部位置岩石破碎,成为地下水运行的畅通通道,是灰岩地下水向矿体补给的良好通道,大理岩易形成小型溶洞,成为地下水的赋存空间,注浆后全部被封堵,巷道掘进揭露后基本无淋水现象。

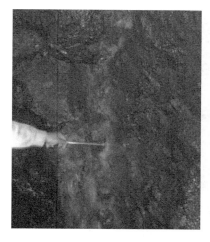 

图 2.11 脉内宽大导水裂隙水泥充填图 图 2.12 脉内溶洞水泥充填图

（2）从钻孔所取岩心的充填现象验证

从对帷幕注浆堵水隔障进行二步补漏注浆施工的钻孔所取岩心，可见裂隙、溶洞、构造破碎带被注入的水泥浆液的结石体充填都比较饱满（图 2.13），使灰岩地下水失去了向矿体补给的通道，注浆结石体与岩石连接较好，起到了对灰岩堵水与加固的效果，同时也说明注浆封堵了灰岩的主要导水通道。

图 2.13 钻孔揭露灰岩宽大导水裂隙水泥结石体充填图

灰岩层内发育的溶洞，是灰岩的主要赋水空间，是灰岩地下水向矿体补给的主要水源，也是注浆堵水治理的主要对象。在对帷幕注浆堵水隔障的质量检查中，被检查钻孔揭露溶洞基本无水，水泥结石体充填密实，连接良好，证明注浆堵水形成的帷幕隔障效果是显著的（图 2.14）。

图 2.14　构造破碎带水泥结石体充填胶结图

断层构造带是地下水的良好运行通道,断层带因构造应力作用造成岩石破碎,注浆起到封堵地下水的运动通道,同时对岩石起到加固的作用,提高了灰岩岩层的稳固性。

对帷幕注浆堵水隔障质量检查时,除了对所形成的帷幕注浆堵水隔障的渗透性、稳固性等检查外,帷幕注浆堵水隔障的厚度也是必须进行验证的。施工的检查钻孔在揭露超出其设计厚度之外的地方仍可见到灰岩导水裂隙被注浆充填良好,说明注浆形成的帷幕注浆堵水隔障的厚度是可靠的,形成了良好的帷幕注浆堵水的封闭系统。

(3)涌水量对比法

注浆效果最直观、最可靠的评价方法,是对比注浆前后矿坑涌水量减少的百分比。水量减少的百分比越大,注浆效果越好,一般按下式计算[120]。

$$n = \frac{Q_{前} - Q_{后}}{Q_{前}} \times 100\% \tag{2.20}$$

根据帷幕注浆堵水前后的每天排水量和单个检查钻孔涌水量对比堵水效果,结果见表 2.5。

表 2.5　注浆效果表

注浆前矿井 涌水量(m³/d)	注浆后矿井 涌水量(m³/d)	注浆后减少 涌水量(m³/d)	堵水率 (%)
40 000	4 000	36 000	90
注浆前单个钻孔 涌水量(m³/h)	注浆后单个钻孔 涌水量(m³/h)	注浆后减少 涌水量(m³/h)	堵水率 (%)
20	3	17	85

注浆前单个钻孔涌水量一般大于 20 m³/h,检查钻孔的涌水量最大为 3 m³/h,多数为淋水,穿脉巷道掘进、长锚索中深孔施工均无连续水流现象出现,经检查验收,单孔堵水率基本达 100%;系统堵水率达到 85% 以上,放炮落矿后空区无渗漏现象。由于注浆切断了开拓巷道涌水的补给,使矿井其他位置的涌水量从注浆前的 40 000 m³/d 降为堵水后的 4 000 m³/d。

自 2005 年开始恢复矿房注浆堵水以来,矿山的工程施工积极采用超前预测预报的手段,坚决执行"安全第一,预防为主,综合治理"的安全生产方针,注浆堵水工作先行。相关研究围绕大水矿井安全无公害帷幕注浆堵水隔障及矿井地压灾害控制的开采工艺,根据计划任务开展工作,实现了预期目标并取得了突破性进展,截至 2012 年年底已形成多个备采矿房,解放备采矿量 280 余万吨。

2.7　小结

(1)谷家台铁矿矿区中奥陶系灰岩含水层为矿体的直接顶板,岩溶裂隙发育,富水性强,导水通道畅通;该矿水文地质条件复杂,地表有嘶马河横穿矿体中部,方下河从矿体西端部通过,两个主要含水层是第四系砂砾岩和岩溶发育的奥陶系灰岩,两含水层之间有第三系隔水层,但局部有缺失,形成"天窗"。矿区正常涌水量为 $7 \times 10^4 \sim 8 \times 10^4$ m³/d,最大涌水量为 10×10^4 m³/d,是一个静储量大、动储量也大的矽卡岩型大水矿山,矿区水文地质条件复杂,为岩溶型大水矿山。

(2)根据对谷家台铁矿矿床地下水的垂直补给和侧向补给条件,矿层之上含水层的分布状态、水力联系以及隔水层的空间分布等条件,将矿体顶板含水层和矿岩边界带形成注浆帷幕即可构成隔水封闭采矿空间,对岩溶裂隙进行充塞、密实、加固,实现大水矿床的安全开采是可行的。

(3)按照注浆帷幕体抗压强和矿体开采后空区覆岩形成的"三带理论"对近矿体顶板注浆帷幕厚度进行了研究,利用两种方法分别计算了注浆帷幕厚度,经比较确定近矿体顶板注浆帷幕体的总厚度 $h=40$ m。

(4)研究了近矿体顶板帷幕注浆堵水工艺,合理选择注浆参数:注浆压力、浆液有效扩散半径、注浆时间和浆液总注入量等。并根据对围岩充填体进行钻孔验证和注浆前后排水量的变化,评价了帷幕注浆效果。

第 3 章　堵水隔障带力学特性试验研究

　　根据帷幕注浆堵水设计施工注浆工程要求,本章对谷家台铁矿不同位置的矿岩试样进行了系统试验,对比帷幕注浆前后矿体覆岩的力学性质,为堵水隔障带岩层稳定性评价理论研究和数值模拟分析提供基础参数。试验内容主要包括矿岩密度、单轴抗拉强度、单轴抗压强度、三轴压缩试验和抗剪试验。

　　试验依据行业标准《水利水电工程岩石试验规程》(SL 264—2001)。

3.1　试验仪器和试验原理

3.1.1　岩石密度试验

　　密度试验仪器为 JA31002 型电子天平,天平最大称量 3000 g,感量 10 mg,试验采用体积密度法,计算公式为:

$$\rho_d = \frac{M_d}{V} \tag{3.1}$$

式中:ρ_d 为试件的干密度,g/cm³;M_d 为试件的风干质量,g;V 为试件体积,cm³。

3.1.2　岩石抗拉强度试验

　　抗拉强度试验的加载设备为 WEP-600 屏显万能试验机。抗拉强度试验计算公式为:

$$\sigma_t = \frac{2p_{\max}}{\pi DH} \tag{3.2}$$

式中,σ_t 为岩石抗拉强度,MPa;$p_{\max}$ 为破坏载荷,N;D、H 分别为试件的宽度和高度,mm。

3.1.3　岩石单轴抗压强度及变形试验

　　单轴抗压强度试验的加载设备为 WGE-600 型万能试验机。记录设备为 100 t 压力传感器,7V14 程序控制记录仪;数据处理设备为联想扬天 E4800 计算机,打印机。

(1)单轴抗压强度计算公式为:

$$\sigma_c = \frac{p_{\max}}{A} \tag{3.3}$$

式中,σ_c 为单轴抗压强度,MPa;$p_{\max}$ 为岩石试件最大破坏载荷,N;A 为试件受压面积,mm^2。

(2)弹性模量 E、泊松比 μ 计算公式分别为:

$$E = \frac{\sigma_{c(50)}}{\varepsilon_{h(50)}} \tag{3.4}$$

$$\mu = \frac{\varepsilon_{d(50)}}{\varepsilon_{h(50)}} \tag{3.5}$$

式中,E 为试件弹性模量,GPa;$\sigma_{c(50)}$ 为试件单轴抗压强度的 50%,MPa;$\varepsilon_{h(50)}$、$\varepsilon_{d(50)}$ 分别为 $\sigma_{c(50)}$ 处对应的轴向压缩应变和径向拉伸应变;μ 为泊松比。

3.1.4　岩石三轴压缩及变形试验

三轴压缩试验的加载设备为 TYS-500 型岩石三轴应力试验机,见图 3.1,数据处理设备为联想扬天 E4800 计算机和打印机。

(1)轴向破坏应力 σ_1 为:

$$\sigma_1 = \frac{p_{\max}}{A} \tag{3.6}$$

式中,σ_1 为轴向破坏应力,MPa;其余符号同前。

(2)弹性模量 E 和泊松比 μ 为:

$$E = \frac{(\sigma_1 - \sigma_3)_{(50)}}{\varepsilon_{h(50)}} \tag{3.7}$$

式中,$(\sigma_1 - \sigma_3)_{(50)}$ 为试件主应力差的 50%,MPa;$\varepsilon_{h(50)}$ 为 $(\sigma_1 - \sigma_3)_{(50)}$ 所对应的轴向压缩应变。

(3)各组 σ_1 与 σ_3 关系曲线,直线回归方程为:

$$\sigma_1 = \sigma_0 + k\sigma_3 \tag{3.8}$$

式中,σ_0 为 σ_1 与 σ_3 关系曲线纵坐标的应力截距,MPa;k 为 σ_1 与 σ_3 关系曲线的斜率。

(4)计算 C、φ 值公式为:

$$C = \frac{\sigma_0(1 - \sin\varphi)}{2\cos\varphi} \tag{3.9}$$

$$\varphi = \arcsin\frac{k-1}{k+1} \tag{3.10}$$

式中,C 为岩石的内聚力,MPa;φ 为岩石的内摩擦角(°)。

图 3.1　TYS-500 型岩石三轴应力试验机

3.1.5　岩石抗剪试验

抗剪试验的加载设备为 WEP-600 屏显万能试验机,见图 3.2。变角剪切试

图 3.2　WEP-600 屏显万能试验机

件夹具 4 套(20°、30°、35°、40°),数据处理设备为联想计算机及激光打印机。计算公式为:

$$\sigma = \frac{P\sin\alpha}{A} \tag{3.11}$$

$$\tau = \frac{P\cos\alpha}{A} \tag{3.12}$$

式中,σ 为正应力,MPa;τ 为抗剪强度,MPa;P 为试件最大破坏荷载,N;α 为夹具剪切角或是岩石弱面角度(°);A 为试件剪切面积,mm²。

根据不同剪切角下的试验均值,计算出 C、φ 值。

3.2　岩石力学试验结果

为进行矿岩岩性判定试验,需要制备相应的岩石试块。现场试样的选取应首先遵循代表性的原则,在此基础上兼顾试样选取的方便性。根据已有地质资料和矿床开拓设计水平要求,矿区以 25 勘探线为界分东、西两个区分别开采,东区开拓至 -50 m 水平,西区开拓至 -150 m 水平。经过现场综合调研,于东西区不同水平的穿脉分别选取了有代表性、数量足够的、不规则的围岩和矿体岩块,在试验室内进行加工,制备成磁铁矿体和灰岩、大理岩、矽卡岩等不同的试样,以满足室内岩石力学试验的需要。

3.2.1　岩石密度试验结果

对谷家台铁矿磁铁矿、灰岩、大理岩、矽卡岩和大理岩水泥胶结体所取试样风干后分别做了密度试验,通过实验可得到各岩石的密度,结果见表 3.1。

表 3.1　岩石密度试验结果

岩性 (分组)	试样 编号	直径 D (mm)	高度 H (mm)	干密度 ρ_d (g/cm³)	平均密度 (g/cm³)
磁铁矿 (C组)	C1	49.83	100.27	3.653	3.729
	C2	49.99	102.05	4.229	
	C3	49.67	103.82	3.289	
	C4	49.74	102.47	3.625	
	C5	49.77	104.85	3.853	
大理岩 (D组)	D1	49.75	102.88	2.740	2.720
	D2	49.82	102.46	2.753	
	D3	49.66	101.77	2.715	
	D4	49.69	102.28	2.626	

续表

岩性 （分组）	试样 编号	直径 D （mm）	高度 H （mm）	干密度 ρ_d （g/cm³）	平均密度 （g/cm³）
矽卡岩 （X组）	X1	49.80	103.46	2.681	
	X2	49.74	102.65	2.850	2.916
	X3	49.53	102.10	2.946	
	X4	49.78	104.00	3.259	
蚀变闪长岩 （SS组）	SS1	40.11	82.41	2.716	
	SS2	40.11	82.72	2.939	
	SS3	40.09	80.33	2.656	2.726
	SS4	40.09	82.64	2.704	
	SS5	40.13	84.01	2.613	
闪长岩 （S组）	S1	40.13	81.56	2.713	
	S2	40.16	80.93	2.543	
	S3	40.11	80.96	2.793	2.698
	S4	40.14	81.65	2.706	
	S5	40.14	83.37	2.740	
灰岩 （H组）	H1	49.70	101.26	2.762	
	H2	49.76	100.37	2.676	2.720
	H3	49.80	100.32	2.723	
大理岩水泥 胶结体（DS组）	15	72.32	135.48	2.562	
	16	72.85	112.72	2.629	2.590
	22	72.86	116.11	2.515	
	39	72.88	139.69	2.654	

3.2.2 岩石抗拉强度试验结果

通过试验对数据进行处理,得到岩石抗拉强度试验结果(表3.2),比较表明,正长闪长岩的抗拉强度最大,为8.824 MPa;磁铁矿的抗拉强度最小,为3.501 MPa。

表 3.2 岩石抗拉强度试验结果

岩性 （分组）	试验 编号	直径 D （mm）	高度 H （mm）	破坏载荷 p （kN）	抗拉强度 σ_t （MPa）	均值 （MPa）
磁铁矿 （C组）	C1	49.50	29.08	6.466	2.860	
	C2	49.80	29.43	9.894	4.298	3.501
	C3	49.73	30.77	11.320	4.710	
	C4	49.75	30.53	5.101	2.138	

续表

岩性 （分组）	试验 编号	直径 D （mm）	高度 H （mm）	破坏载荷 P （kN）	抗拉强度 σ_t （MPa）	均值 （MPa）
大理岩 （D 组）	D1	49.79	30.73	6.257	2.603	3.866
	D2	49.54	31.66	7.762	3.151	
	D3	49.69	31.79	14.500	5.844	
矽卡岩 （X 组）	X1	49.74	30.98	15.630	6.457	6.820
	X2	49.84	30.90	17.000	7.027	
	X3	49.58	31.22	16.960	6.975	
蚀变闪长岩 （SS 组）	SS1	40.08	28.64	15.850	8.790	7.123
	SS2	40.10	27.27	10.710	6.235	
	SS3	40.12	28.72	11.480	6.343	
闪长岩 （S 组）	S1	40.19	30.40	10.470	8.456	8.646
	S2	40.16	27.97	15.240	8.637	
	S3	40.17	27.99	15.620	8.844	
灰岩 （H 组）	H1	49.52	29.95	14.970	6.426	5.230
	H2	49.82	29.81	13.500	5.787	
	H3	49.72	29.50	8.010	3.477	
正长闪长岩 （Z 组）	Z1	49.74	29.82	21.180	9.091	8.824
	Z2	49.79	28.19	18.720	8.491	
	Z3	49.86	30.10	20.580	8.891	

3.2.3 岩石单轴抗压强度及变形试验结果

按照岩石力学试验规范的要求，在单轴压缩试验中，试件的尺寸为：直径 50 mm 左右、高度 100 mm 左右，或是直径 40 mm 左右、高度 80 mm 左右。试件加荷过程中，位移速率为 0.005 mm/s。与载荷控制方式比较起来，它不仅可有效地防止岩块试件受压崩裂而对人员、仪器造成伤害，而且还能给出试件屈服后的应力-应变关系曲线，单轴抗压强度及变形试验结果见表 3.3。

表 3.3 岩石单轴抗压强度及变形试验结果

岩性 （分组）	试样 编号	直径 D(mm)	高度 H(mm)	单轴抗压强度 σ_c(MPa)	弹性模量 E(GPa)	泊松比 μ
磁铁矿 （C 组）	C1	49.76	102.11	65.2	52.28	0.325
	C2	49.99	102.05	56.1	38.37	0.363
	C3	49.72	99.85	52.5	37.76	0.201
	均值			**57.9**	**42.80**	**0.296**

岩性 (分组)	试样 编号	直径 D(mm)	高度 H(mm)	单轴抗压强度 σ_c(MPa)	弹性模量 E(GPa)	泊松比 μ
大理岩 (D组)	D1	49.74	101.26	58.9	60.41	0.307
	D2	49.66	101.77	31.0	69.54	0.340
	D3	49.69	102.28	20.1	48.03	0.302
	均值			**36.7**	**59.33**	**0.316**
矽卡岩 (X组)	X1	49.80	102.46	40.3	39.89	0.249
	X2	49.53	101.10	33.7	37.58	0.164
	X3	49.60	101.39	59.9	41.46	0.148
	均值			**44.6**	**39.64**	**0.187**
蚀变闪 长岩 (SS组)	SS1	40.11	82.41	45.4	39.83	0.251
	SS2	40.11	82.72	56.1	49.94	0.202
	SS3	40.09	82.64	52.0	58.82	0.169
	均值			**51.2**	**49.53**	**0.207**
闪长岩 (S组)	S1	40.16	80.93	84.2	66.33	0.228
	S2	40.11	80.96	110.1	64.04	0.153
	S3	40.14	83.37	36.6	40.58	0.228
	均值			**77.0**	**56.98**	**0.203**
灰岩 (H组)	H1	49.70	101.26	76.6	58.36	0.213
	H2	49.76	100.37	54.5	33.80	0.299
	均值			**65.6**	**46.08**	**0.256**
正长闪长岩 (ZS组)	ZS1	49.71	101.35	111.2	63.97	0.218
大理岩水泥 胶结体 (DS组)	DS	52.86	103.11	24.27	35.96	0.200

对不同的岩样进行分析,从图 3.3—图 3.8 各岩层选取岩样的应力-应变曲线可以看出,所得的应力-应变曲线都不完全相同,是全应力-应变曲线的一部分,没有破坏后阶段的曲线。图中曲线的斜率为岩样的弹性模量,可以看出,矽卡岩的平均弹性模量较小,正长闪长岩的弹性模量较大;蚀变闪长岩的径向应变较小,灰岩的径向应变较大。

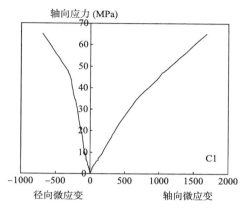

图 3.3　C1 单轴抗压强度应力-应变图

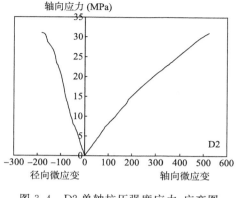

图 3.4　D2 单轴抗压强度应力-应变图

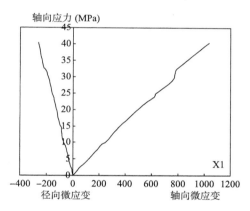

图 3.5　X1 单轴抗压强度应力-应变图

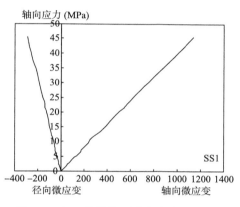

图 3.6　SS1 单轴抗压强度应力-应变图

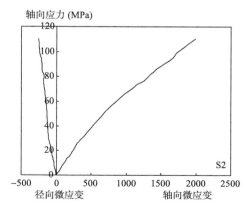

图 3.7　S2 单轴抗压强度应力-应变图

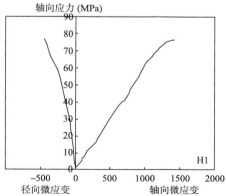

图 3.8　H1 单轴抗压强度应力-应变图

3.2.4 岩石三轴压缩及变形试验结果

结果如表 3.4 所示。

表 3.4 三轴压缩试验结果表

试件编号	直径 D(mm)	高度 H(mm)	密度 ρ_d(g/cm³)	围压 σ_3(MPa)	主应力 σ_1(MPa)	弹性模量 E(GPa)	泊松比 μ
C1	49.76	102.11	3.598		65.2	52.28	0.325
C3-2	49.99	102.05	4.229	0	56.1	38.37	0.363
C50	49.72	89.85	4.493		52.5	37.76	0.201
均值					57.9	42.80	0.296
C2	49.83	100.27	3.653	5	111.8	41.16	0.372
C7-3	49.77	104.85	3.853	10	154.4	38.96	0.272
C43	49.67	103.82	3.289	15	172.6	38.04	0.159
均值					172.6	38.04	0.159
抗剪强度指标				$\sigma_1=\sigma_0+k\sigma_3$		$\tau=c+\sigma\mathrm{tg}\varphi$	
	样本数 $N=6$			$\sigma_0=70.48$(MPa)		$k=6.872$	
	相关系数 $r=0.979$			内聚力 $C=13.44$(MPa)		内摩擦角 $\varphi=48.24$(°)	

3.2.5 岩石抗剪试验结果

结果如表 3.5 所示。

表 3.5 岩石抗剪强度结果表

试样编号	长度 L(mm)	宽度 W(mm)	高度 H(mm)	剪切角 α(°)	破坏载荷 P(kN)	正应力 σ(MPa)	剪应力 τ(MPa)
39	132.50	71.00	7389	32.0	21.870	1.57	2.51
15	135.00	71.00	7528	36.5	39.620	3.13	4.23
16	97.00	71.00	5409	44.0	36.820	4.73	4.90
54-3	74.00	62.50	72.50	7.0	9.333	0.25	2.00
54-1	42.44	41.76	43.80	20.0	4.497	0.87	2.38
抗剪强度指标	样本数 $N=\underline{5}$				相关系数 $r=0.982$		
	内摩擦角 $\varphi=34.60$(°)				内聚力 $C=1.750$(MPa)		
54-2	41.93	40.90	42.82	35.0	17.170	5.74	8.20
19-1	51.89	51.30	51.80	40.0	47.830	11.55	13.76
19-2	41.78	40.97	41.50	30.0	14.020	4.10	7.09
抗剪强度指标	样本数 $N=\underline{3}$				相关系数 $r=0.998$		
	内摩擦角 $\varphi=42.35$(°)				内聚力 $C=3.188$(MPa)		

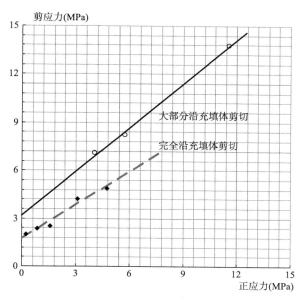

图 3.9 岩石剪应力与正应力关系曲线图

3.2.6 试验结果汇总

通过对各岩层的岩样进行密度试验、单轴抗压强度试验、抗拉强度试验、三轴压缩试验、抗剪强度试验等各种试验,对得到的试验数据进行分析,得出岩石的各种力学指标,汇总见表 3.6。

表 3.6 力学性质试验汇总表

名称	密度 (g/cm)	抗拉强度 (MPa)	抗压强度 (MPa)	弹性模量 (GPa)	泊松比 μ	内聚力 C(MPa)	内摩擦角 φ(°)
磁铁矿	3.729	3.501	57.9	42.80	0.296	13.44	48.24
大理岩	2.720	3.866	36.7	59.33	0.316	11.85	55.58
矽卡岩	2.916	6.820	44.6	39.64	0.187	12.87	39.43
蚀变闪长岩	2.726	7.123	51.2	49.53	0.207	15.20	27.87
闪长岩	2.698	8.464	77.0	56.98	0.203	19.39	51.31
灰岩	2.720	5.230	65.6	46.08	0.256	0.30	30.00
正长闪长岩	2.672	8.824	111.2	63.97	0.218	4.86	36.00
注浆胶结体	2.590	1.210	24.3	35.96	0.260	2.47	38.48

3.3 近矿体顶板帷幕注浆堵水机理研究

3.3.1 注浆对岩石孔隙的影响

谷家台铁矿的水文地质条件属于寒武、奥陶系灰岩岩溶裂隙含水层,矿区内岩性一般为质纯的深灰色厚层的大理岩及灰岩,岩溶裂隙发育、富水强、水循环交替条件好。根据矿床近顶板灰岩岩溶裂隙发育的特性,采用井下帷幕注浆堵水方法,对岩溶裂隙进行充填注浆,形成人工隔水帷幕,以实现矿山安全开采。充填注浆指浆液在较低注浆压力作用下注入岩石原有的溶洞、孔隙和缝隙之中,对岩石的溶洞、缝隙、孔隙进行充填。充填注浆因压力较低,在其他因素相同的情况下,岩石被浆液充填的效果同浆液材料有关,颗粒越细,能够注入的岩石孔隙就越小,岩石注浆的效果就越好;反之,颗粒越大,能够注入的岩石孔隙也相应增大,岩石的注浆效果就越差。

刘长武等[123]研究了对 425# 矿渣硅酸盐水泥进行充填注浆后岩石的孔隙结构变化,如表 3.7 所示。由于浆液对岩石孔隙进行了充填加固,改变了岩石原来的孔隙结构,降低了岩石溶洞、孔隙中大孔径孔隙所占的比例。砂岩注浆后,岩石的孔隙体积和孔隙表面积减少了,宏观孔隙度下降了;且孔隙中大孔径孔隙所占的比例普遍下降,从而增加了岩石的致密程度,提高了岩石抵抗外力破坏的能力。

表 3.7 岩石孔隙测试结果

岩性	岩石状态	容重 (g·cm⁻³)	孔隙度 (%)	孔隙体积 (cm³·g⁻¹)	孔隙表面积 (m²·g⁻¹)
砂岩	天然岩样	24 720	5.9	0.024 1	24 714
	注浆岩样	25 331	5.7	0.022 4	24 310
泥岩	天然岩样	25 213	5.1	0.020 4	28 559
	注浆岩样	25 180	4.5	0.020 1	25 674

注:大裂隙不影响微孔分析,表中数据为小块无损岩石的测量数据。

图 3.10、图 3.11 是谷家台铁矿矿体顶板灰岩(大理岩)注浆前后溶洞、孔隙结构对比图。从图 3.10 中可以清晰地看出,未注浆的大理岩含有明显的溶洞、孔隙等含水层。岩溶空隙中往往含有大量的重力水,在自身重力作用下自由运动。当水压达到顶板隔水层不能承受的压力数值时,就会造成顶板突水。经注浆后,岩石中原有的溶隙被浆液充填。浆液在岩石空隙内流动,浆液凝结后对空隙进行充填,排出了原先储存在岩石溶隙中的水分和空气。

图 3.10　未注浆大理岩

(a) 外观图

(b) 横断面图

图 3.11　注浆大理岩

3.3.2　注浆堵水隔障带水理性质

在注浆加固对岩石孔隙等各方面影响的共同作用下,岩石的水理性质产生了较大的变化。

(1)岩石的容水度降低。岩石的容水度在数值上等于岩石的孔隙度、裂隙度或溶穴率。岩石因注浆充填其宏观孔隙度下降了,因而岩石的容水度也降低了,能够容纳的水量也随之减小,降低了含水层对顶板的压力。

(2)岩石的结合持水度增大,给水度减小。岩石中的孔隙经浆液充填后,孔隙的横断面减小,水和岩石接触面积增大,因孔隙中原有的重力水被浆液挤出,岩石固结体完全充满了结合水,结合持水度增大,从而岩石中含有的水在重力作用下给出的水减小,即给水度减小;同时岩石的给水度大小取决于岩石孔隙的大小,孔隙被充填,给水度也会减小,使注浆隔障带成为不透水的隔水层。注入的浆液颗粒越小,其表面积越大,固结体表面吸附的结合水越多,结合持水度越大,形成的堵水隔障带越不易给水。

(3)透水性降低。空隙的大小对岩石的透水性起着决定性的作用,其次才是空隙的多少。孔隙越小,透水性就越差。由于细小的孔隙大都被结合水占据,水在细小的孔隙中流动时,孔隙表面对其流动产生很大的阻力,水不易从中透过。因此,隔水层具有良好的持水性,而其给水性和透水性均不良[8]。

3.3.3　堵水隔障带岩石密度

大理岩水泥固结体是由浆液和大理岩经注浆充填后固结而成,固结体的密度主要受浆液和大理岩的特性影响。被加固的大理岩既是固结体的组成部分,又是固结体的存在和养护环境,即大理岩在两方面影响着固结体的密度。

根据 3.2.1 节的岩石密度试验结果,大理岩的密度发生了变化,注浆充填前大理岩密度 $\rho = 2.65 \, \text{g/cm}$,注浆后大理岩的密度是 $\rho = 2.72 \, \text{g/cm}$。这说明注浆前,大理岩因含有较多的孔隙或溶洞,致使大理岩的密度降低。注浆充填后,岩石中大的孔隙或溶洞被浆液所充填,孔隙或溶洞周围的岩石被充填浆液挤压而更密实,孔隙减少,使顶板大理岩的密度有所增大,从而提高岩石的致密程度,增强了抗压能力。

3.3.4　注浆体岩石力学性质

隔水层的隔水作用不仅取决于隔水层的岩性、孔隙大小,还取决于岩石的力学性质等特性。力学强度越大,其抵抗水压的能力越大,隔水性能越好,矿山生产越安全。

图 3.3—图 3.8 为矿体及不同围岩注浆前后单轴抗压强度应力-应变关系曲线。大理岩岩样在载荷作用下,经过了压密、弹性变形至出现突然破坏。从图 3.4 曲线可以看到,当轴向应力达到 20 MPa 时,其轴向应变和径向应变分别约为 420 微应变和 150 微应变。大理岩固结体岩样在载荷作用下,经过了压密、弹性变形、塑性变形到岩样破坏,当轴向应力达到 60 MPa 时,其轴向应变和径向应变分别约为 1100 微应变和 400 微应变。大理岩固结体在轴向应力达到约 50 MPa 时,出现塑性变形,在强度基本稳定的状态下,可以持续较大的变形,其具有更大的抵抗水压破坏的能力。

图 3.4 可以清晰地说明,岩石经充填注浆后,形成的固体岩石整体稳定性能大大提高,有较大的变形范围。在同样荷载作用下,具有较大孔隙的岩石容易发生断裂破坏,而经过充填注浆形成的固结体却不易出现破坏,抵抗外力破坏的能力增强,矿体顶板稳定状态能够得到很好的保护和控制。

王汉鹏等[124]研究表明,注浆加固的实质是对破裂面的渗透胶结,一方面直接充填并胶结张开破裂面从而提高其强度,另一方面通过部分渗透来强化粗糙破裂面的摩擦滑动和凸凹块之间的相互咬合从而提高残余强度,同时加强破裂面间的约束和传力机制来抑制侧向变形,并使轴向变形和侧向变形趋向协调。

由图3.3—图3.8可以看出,注浆加固后的轴向应力-应变曲线呈现出近似直线形,加固后轴向应变的增加比侧向应变大,当加固试件达到强度峰值时,轴向应变与侧向应变协调变化,按比例增加,这说明峰值后岩石注浆加固后使得变形趋向协调。

3.4 小结

(1)通过室内试验,对谷家台铁矿矿体及其不同围岩的岩性物理性质(密度)和力学性质(抗拉强度、抗压强度、抗剪强度)进行测试,为后续的注浆帷幕堵水隔障带稳定性分析提供参考数据。

(2)采用帷幕注浆加固后的岩石、矿体样品试件的强度都有不同程度的提高,注浆加固后的轴向应力-应变曲线呈现出近似直线形,变形趋向协调。

(3)从注浆对岩石空隙的影响、注浆岩石水理性质的变化、注浆岩石密度变化和注浆岩体力学性质变化等方面和注浆前的对比,研究分析了帷幕注浆堵水机理。

第4章 堵水隔障带稳定性评价

　　谷家台铁矿由于上盘承压水的存在,对矿体开采造成很大威胁。为保证矿山的安全生产,确保矿山在生产过程中不发生突水等重特大事故,开采前在矿体上盘对地下水采取封堵措施,即对矿体直接顶板一定厚度的围岩进行注浆,封堵裂隙,人工造成一定厚度的帷幕注浆堵水隔障带,然后进行采矿。在开采过程中,帷幕注浆堵水隔障带(即采空区顶板)的有效性、可靠性,即稳定性直接关系到矿山的安全和生存。

　　围岩稳定性的评价受诸多因素的影响,且各因素具有多样性、不确定性等特点,从而使围岩稳定性的评价成为一个复杂的不确定系统分析问题。围岩稳定性的正确评价是地下工程矿(岩)体开挖支护设计及施工的前提,一直受到工程界的普遍关注,诸多学者对此问题进行了研究,并提出了各种工程评价方法。但由于矿区工程地质条件、水文地质条件的多样化和复杂化,以及采场逐步开采、爆破震动等因素的影响,以往传统方法现已不能满足工程界的需求,如应用单个或少数指标的评判方法(如普氏分类法)会遗漏一些重要信息,很难全面准确体现实际围岩所处的地质环境;工程设计中常采用确定性的解析法,经过理论计算给出定值的分析方法,并没有获得令人满意的结果,在实际工程中常出现矿房跨度设计小于极限跨度而发生采场垮塌破坏的现象。所以至今,围岩的稳定性分析仍不能完全依赖于理论分析和数值计算,在许多情况下,工程设计主要依赖于工程类比或工作经验。

　　本章应用集对分析方法(Set pairs analysis method,SPA)对注浆帷幕堵水隔障带的稳定性进行综合评价分析,从另一个角度探索堵水隔障带围岩稳定性的定性评价方法。

4.1 非确定性评价方法及其比较

　　当前,采空区顶板围岩的不确定性研究已经成为地压研究的重要课题。通过一些新的学科和理论的引入与交叉,逐步形成了一些新的围岩稳定性评价分析方法,如以模糊数学为基础的模糊数学评价方法、以灰色系统理论为基础的灰色系统评价方法、突变理论分析方法、集对分析方法等。这些评价方法在顶板围岩稳定性分析与评价中均取得了比较好的应用成果。

（1）模糊数学评价方法

模糊数学评价法有模糊综合评价法和模糊聚类分析法。它是一种应用范围广泛的方法。许开立[125]应用模糊数学评价方法对系统的危险性进行了深入研究，它可以对系统危险性进行预测评价或系统危险性预测。陈守煜等[126]以工程模糊集理论为基础，建立以相对差异函数为基础的模糊可变集合工程方法，并考虑模型参数指标权向量的可变性，对围岩稳定性进行评价。在对围岩的稳定性进行综合评价时，把围岩的分类等级作为物元的事物，以它们的各项评价指标及其相应的模糊量值构造复合模糊物元，通过关联度计算，实现对围岩的综合评价，都取得了较好的评价效果。

（2）灰色系统评价方法

灰色系统理论是邓聚龙于1982年创立的一种新理论，是现代控制理论中的一个新领域[127-128]。包含未知信息的系统为黑色系统，包含已知信息的系统为白色系统，而所谓灰色系统就是既包含已知信息，又含有未知的不确切的信息。灰色系统理论经过30多年的研究和发展，在许多领域得到了应用，特别是在大型工程系统、农业系统、生态系统、经济系统，以及气象、地震等方面的灰色预测预报模型研究方面，灰色系统理论显示了相当的适用性。

灰色系统理论着重研究概率统计，模糊数学难以解决的"小样本，贫信息"不确定性问题，着重研究"外延明确，内涵不明确"的对象。它主要通过数据生成的手段，对少数据、不确定性系统进行数据处理和信息加工，从而挖掘出其中有价值的知识和规律。灰色系统理论从小样本数据出发，通过灰生成的手段，确定灰数及白化权函数，以及通过灰集的隶属函数，将未知部分界定在不同的区间把灰色信息白化。它在思想和方法上有一定的创新，是处理不确定信息的一种新的有效方法，也是对概率统计方法的一个补充。

（3）突变理论分析方法

突变理论是法国数学家 Thom 于20世纪70年代初创立的。该原理利用动态系统的拓扑理论来构造自然现象与社会活动中不连续变化现象的数学模型，用来描述和预测事物连续性中断的质变过程。它通过对系统势函数分类临界点附近的状态变化特征的研究，归纳出若干初等突变模型，并以模型（系统）的势函数为基础，探索自然和社会中的突变现象[100,129]。突变理论的一个显著特点是：即使不知道系统有哪些微分方程，更不用说如何解释这些微分方程的条件，仅在几个假设的基础上，用少数几个控制变量便可以预测系统的诸多定性或定量状态。其中理论较成熟的、工程应用较多的是尖点突变模型，其特点为：有两个稳定点和一个不平衡点，经过平衡状态逐渐演化，在某个拐点处发生突变，然后建立新的平衡状态，进行新的演化过程。

为了解释各种突变现象,学者们共总结出 7 种突变模型[130-132],而尖点突变模型在学术研究中得到了广泛应用[133-135]。尖点突变模型势函数 V 是一个二参函数(两个控制变量 u 和 v),其状态变量为 x,V 的表达式为

$$V = x^4 + \mu x^2 + \nu x \tag{4.1}$$

相应的平衡位置满足:

$$\frac{\partial V}{\partial x} = 4x^3 + 2\mu x + \nu = 0 \tag{4.2}$$

它在 $(x, \mu \nu)$ 空间中的图形称为突变流形,是一个有褶皱的曲面 M,从而在不同的区域内,平衡位置为 1 个、2 个或 3 个。对应于中叶的势函数取其极大值,平衡位置是不稳定的;而对于上、下叶的平衡位置是稳定的。它们在参数空间中构成了分叉集 **B**,见图 4.1。

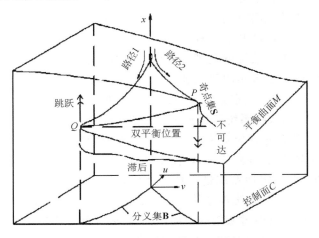

图 4.1　尖点突变模型示意图

(4)集对分析方法

集对分析(Set pairs analysis,SPA)理论是我国学者赵克勤[136-137]于 1989 年提出的一种全新的系统分析方法,是一种用联系数"$\mu = a + bi + cj$"统一处理模糊、随机、中介等不确定系统信息的理论和方法。该理论提出以来,被广泛地应用在自然科学、社会经济等领域。集对分析理论的核心在于将系统内的确定性和不确定性予以辩证地分析和处理,认为不确定性是事物的本质属性,并将确定性和不确定性作为一个系统进行总体的考察。

在处理的过程中,可以将 $\mu = a + bi + cj$ 根据需要简化成 $\mu = a + bi$、$\nu = bi + cj$、$\mu = a + c$ 几种形式。围绕 $\mu = a + bi + cj$ 的构成、分析和计算,构成了一种新的不同于传统概率论和模糊集理论,但又可能在一定条件中包含这两者的不确定性理论。

集对分析理论与模糊数学理论、灰色理论等理论并不冲突,在某种意义上该理论是上述理论的扩充(为了避免重复性,集对分析具体的理论将在评价方法中详细介绍)。从集对分析角度讲,模糊数学是从同一性方面去研究和度量事物间的联系,隶属度在[0,1]上出现的某个定值,因此,只反映系统在某个特定条件下的不确定性。它们在一定条件下与集对分析中的同一度等价;模糊数学主要研究系统的同一度,对差异度、对立度没有考虑,显然对系统的动态变化的反映是不够的。而集对分析充分考虑了差异度、对立度,并且研究三种状态在系统运行中相互的转化,更符合实际运行系统的特点,因此更科学、合理。灰色系统是数据挖掘的工具,通过灰的生成将"灰色"白化,即从不确定到确定。

集对分析理论处理问题有两种主要途径,一是先由相对确定性信息得到分析结果,然后再考虑相对不确定性信息的可能影响,寻找对立双方相互转化的途径和可能性,进一步做相对确定性结果的稳定分析;二是直接运用联系数进行运算,得到包含确定性信息和不确定性信息的分析结果。

集对分析理论把复杂的问题简单化,计算过程简单、快速,是处理复杂系统确定不确定问题最有效的方法。近年来,集对分析理论在矿山安全评价[138-139]得到了广泛的应用和发展。

4.2　集对分析

集对分析(SPA)的核心部分是集对(SP),但组成集对的元素数目不一定必须相等,在不等的条件下也可以进行分析,元素的比较不应该是集合 **X** 与 **Y** 中对应元素的比较,而应在元素序偶中进行对比[140]。在此基础上,提出了新的集对势(SPP)、集对同势(SPIP)、集对均势(SPIP)与集对反势(SPAP)的定义。

集对分析理论的核心是将系统内的确定性与不确定性予以辩证地分析和数学处理,认为不确定性是事物的本质属性,并将不确定性和确定性作为一个系统进行综合考察。首先对不确定性系统中的两个有关联的集合构造集对,再对集对的特性做同一性、差异性、对立性分析,然后建立集对的同异反联系度。同、异、反三者不是绝对分开的,它们相互联系、互相制约且可在一定条件下相互转化,运用联系度的思想全面描述系统的各种不确定性。集对分析的基础是集对,关键是联系度[141-144]。

集对,就是给定两个有关系的集合 **A** 和 **B**,这两个集合组成的集对表示为 **H**=(**A**,**B**)。在一定背景条件下,**H** 在论域内具有 N 个表征特性,其中有 S 个特性在两个集合上具有统一性,有 P 个特性在两个集合上对立,有 $F=N-S-P$ 个特性为两个集合的差异性,由此建立起两个集合在指定条件下的统异联系度可以表示为：

$$\mu = \frac{S}{N} + \frac{F}{N}i + \frac{P}{N}j \tag{4.3}$$

式中，i 为差异度的系数，j 为对立度系数，一般 $j = -1$。定义 S/N、F/N、P/N 分别称为所论的两个集合在指定条件背景下的同一度、差异度和对立度，规定在 $[-1,1]$ 区间根据不同的情况取值。令 $a = S/N$、$b = F/N$、$c = P/N$，则有 $a + b + c = 1$，式(4.3)就可以表示成：

$$\mu = a + bi + cj \tag{4.4}$$

式中，$i \in [-1,1]$，$j = -1$，$a + b + c = 1$。

即使上式给出了 i,j 的取值范围，但 i,j 在具体的情况中有时也只是起标志作用，即只表示差异度和对立度。

根据需要可以把上式简化成

$$\mu' = a + bi \tag{4.5}$$

$$或 \mu' = a + cj$$

$$或 \mu' = bi + cj \tag{4.6}$$

可以根据具体情况选用上述相应的公式。上述情况是在没有考虑特性权重或者是权重为 1 的情况下的公式，但是在实际情况中，每个特性的比重往往是不同的，所以必须考虑权重。

假设特性的权重为 $\omega_k \left(k = 1, 2, \cdots, n, \sum_1^n \omega_k = 1 \right)$，并假设特性按照 S, F, P 的顺序排列并连续编号，那么此时联系度可以表示为：

$$\mu = a + bi + cj = \sum^{S} \omega_k + \sum^{S+F} \omega_k i + \sum^{S+F+P} \omega_k j \tag{4.7}$$

4.2.1 多元联系数

集对分析方法中的联系数与系统的危险等级相对应。三元联系数对应的系统安全性等级为三等，即危险、一般安全、安全。很显然，在实际的系统中，用这三种状态来描述系统的安全很泛化，或者说太模糊。对于安全性等级通常采用奇数，即为 3,5,7,9,11 级，等级划分越多，对系统的安全性评价越准确。传统的三元联系数表示的联系度对系统安全性评价时有一定的局限，因此，要引入其他的办法来解决这个问题。

根据同、异、反三元联系数 $U = A + Bi + Cj$，将 Bi 展开得到：

$$U = A + B_1 i_1 + B_2 i_2 + \cdots + B_n i_n + Cj \tag{4.8}$$

从上式可以得到：当 $n = 2$ 时，四元联系数 $U = A + B_1 i_1 + B_2 i_2 + Cj$；当 $n = 3$ 时，五元联系数 $U = A + B_1 i_1 + B_2 i_2 + B_3 i_3 + Cj$。以此类推，可以得到 $n = k (k \geqslant$

2)时的 $n+2$ 元联系数,称这样的联系数为多元联系数。

为了应用方便,把上述的多元联系数改写成以下形式:

四元联系数:$U=A+Bi+Cj+Dk$

五元联系数:$U=A+Bi+Cj+Dk+El$

N 元联系数:$U=A+Bi+Cj+Dk+El+\cdots+Xy$

参照同异反联系数的联系分量的概念,多元联系数中的 $A,B,C,D,E,\cdots,X$ 仍称为联系分量,与联系分量一起的 $i,j,k,l,\cdots,y$ 称为联系分量的系数,借用三元联系数联系分量系数取值原理,多元联系数最后一项的系数恒取 -1。多元联系数的首项不带系数,其系数视为 1,因此该项始终为正值。其余各项的系数则视具体情况在 $[-1,1]$ 区间取不同的值。它的取值原则有"邻近取值""比例取值""均分取值"以及仅作分层标记使用等通常,多元联系数从首项到最后一项,其"正"的成分保持递减关系[137],即:

$$A+\rangle B+\rangle C+\rangle D+\rangle \cdots+\rangle X$$

符号"$+\rangle$"读"正于",而不论 $A,B,C,D,E,\cdots,X$ 取什么样的正实数。

与三元联系数类似,若令 $N=A+B+C+D+\cdots+X$,等式两边同除以 N,并令:

$$\mu=\frac{U}{N},a=\frac{A}{N},b=\frac{B}{N},c=\frac{C}{N},d=\frac{D}{N},\cdots,x=\frac{X}{N} \tag{4.9}$$

那么得到联系数分量满足归一化的多元联系数,分别记为:

四元联系数:$\mu=a+bi+cj+dk$

五元联系数:$\mu=a+bi+cj+dk+el$

N 元联系数:$\mu=a+bi+cj+dk+el+\cdots+xy$

联系分量满足和不满足归一化的多元联系数统称为多元联系数,实际应用时,彼此之间可以随时相互转换。

4.2.2 系数 i 的取值

集对分析联系数的不确定性是通过 i 的取值表现出来的,根据不同的情况 i 在 $[-1,1]$ 区间取值。若 $i=0$,则不考虑差异度部分,只比较相同和对立的部分;若 $i=1$,意思是将全部的差异部分转化到统一部分 a 中;若 $i=-1$,则将差异部分全部转化成对立部分并入 c 中。i 常见的取值方法有"随机取值法""比例取值法""平均取值法""特殊值取值法"等,本节采用比例取值法。

同异反数学评价模型[145]如下:

$$\mu_{(m)} = W \cdot R \cdot E = (\omega_1, \omega_2, \cdots, \omega_n) \begin{bmatrix} a_1 & b_1 & c_1 \\ a_2 & b_2 & c_2 \\ \vdots & \vdots & \vdots \\ a_n & b_n & c_n \end{bmatrix} \cdot \begin{bmatrix} i \\ j \\ \vdots \\ n \end{bmatrix} \qquad (4.10)$$

$$= \sum_{k}^{n} \omega_k a_k + \sum_{k}^{n} \omega_k b_k i + \sum_{k}^{n} \omega_k c_k j$$

式中，$a = \sum_{k}^{n} \omega_k a_k$，$b = \sum_{k}^{n} \omega_k b_k$，$c = \sum_{k}^{n} \omega_k c_k$，在集对分析意义下，$a$ 为同一度确定项，b 为不确定项，c 是与 a 相反的确定项。显然在 b 中含有一定程度的确定部分，所以应该把这一部分从 b 中分离出来，加到确定项中去，使联系数更能符合客观实际。

下面采用 i 的比例取值法，以 $i_1 = a$，$i_2 = c$ 的情况，即：

$$\mu_{|i_1=a} = a + b i_1 = \sum_{k=1}^{n} \omega_k a_k \left(1 + \sum_{k=1}^{n} \omega_k a_k\right)$$

$$\mu_{|i_2=c} = c j + b i_2 = \sum_{k=1}^{n} \omega_k a_k \left(1 + \sum_{k=1}^{n} \omega_k a_k\right)$$

$$\mu_{|i_3=b} = 1 - \mu_{|i_1=a} - \mu_{|i_1=c} \left(\sum_{k=1}^{n} \omega_k b_k\right)$$

在上式的推导过程中始终保持 $a + b + c = 1$。

比例取值法可以分为顺势取值法和逆势取值法。顺势取值法一般是按原有的 a，b，c 比例关系把 b 分成"ab""bb""bc"，其中"ab"并入 a，"bb"并入 b，"bc"并入 c，这种取值方法不会改变原有的集对势级状态。

逆势取值法和顺势取值法的比例关系相反，因而取值后集对势级会发生变化。

4.2.3 集对势等级分序

联系数中各联系数分量的大小反映了被研究对象的某种状态和可能趋势，称之为联系数的态势，简称集对势，用同一度与对立度的比值 $a/c(c \neq 0)$ 表示[141]，即 $shi(H) = a/c$。当 $shi(H) = a/c > 1$ 时为同势；当 $shi(H) = a/c = 1$ 时为均势；当 $shi(H) = a/c < 1$ 时为反势。集对势之间按照 a/c 的大小关系而成的次序称为集对势序，若不考虑 i 的取值，集对势的等级和次序关系如表 4.1 所示。

表 4.1 集对势的等级和次序关系

序号	名称	集对势	a、b和c的大小关系	含义
1	均势	准均势	$a=c,b=0$	系统同一趋势与对立趋势势均力敌
2		强均势	$a=c,b<a$	系统同一趋势与对立趋势明显相等
3		弱均势	$a=c,b=a$	系统同一趋势和对立的趋势虽然相等,但不确定
4		微均势	$a=c,b>a$	系统同一趋势和对立的趋势相等,但由于不确定性的作用,显得很微弱
5	同势	准同势	$a>c,b=0$	系统有确定的同一趋势
6		强同势	$a>c,b<c,b\neq0$	系统以同一趋势为主
7		弱同势	$a>c,b\geq c,b<a$	系统同一趋势比较弱
8		微同势	$a>c,b\geq a$	系统同一趋势很微弱
9	反势	准反势	$a<c,b=0$	系统对立的趋势是确定的
10		强反势	$a<c,b<a,b\neq0$	系统以对立的趋势为主
11		弱反势	$a<c,b>a$	系统对立的趋势比较弱
12		微反势	$a<c,b>c$	在不确定性的作用下,系统对立的趋势显得很微弱

4.2.4 多元联系数评价模型

因为三元联系数及其集对势在实际应用中存在局限性,所以将三元联系数中的 bi 项分解,可得 $n+2$ 元联系数。心理学家米勒经过长期的实验证明,在某个属性上对方案进行判别时,普通人能正确区别的等级在 5~9 级之间[143]。本节主要针对五元联系数集对分析注浆帷幕堵水隔障带的稳定性问题,将等级划分为 5 级,见表 4.2。

表 4.2 稳定性等级划分标准

稳定性级别	1	2	3	4	5
等级描述	极不稳定	不稳定	基本稳定	较稳定	稳定

4.2.4.1 多元联系数集对分析评价模型应用条件

若应用多元联系数集对分析方法得到的联系度不能正确反映所评价系统的安全性能时,如评价后某联系度为 $\mu=0.15+0.2i_1+0.15i_2+0.15i_3+0.35j$,根据集对分析定义可以得到这样的结论:15% 属于"极不稳定",20% 属于"不稳定","基本稳定"和"较稳定"均为 15%,35% 属于"稳定",由此可得,"稳定"占 35% 比例最大,因此,可以知道此系统是安全的。但是总体上来说稳定状态只占 35%,而稳定以外的各状态之和为 65%,结果还是不能准确地判断围岩的稳定状态,因此,还有待进一步研究该问题。

任何一种评价方法都有其自身的最佳适用条件。模糊数学有最大隶属度，灰色理论也有其特定的白化权划分区间。多元联系数集对分析的失真现象可能是由其适用条件所引起的。下面讨论五元联系数集对分析评价法的应用条件。

设在 $[0,1]$ 封闭区间数的连续两个极点之间，取 $n+2(n\geqslant1)$ 个级别点（含两端极点级别点），应用集对分析系统危险性进行评价后，得到系统对各个级别点归属程度，分别为 $a,b_1,b_2,b_3,\cdots,b_n,c$，若满足以下两个式子：

$$a = \max(a,b_1,b_2,\cdots,b_n,c)$$

$$a \leqslant \sum (a,b_1,b_2,\cdots,b_n,c) - a$$

可得：

$$a \leqslant 0.5 \sum (a,b_1,b_2,\cdots,b_n,c) \tag{4.11}$$

该式即为基于多元联系数的集对分析在判断系统归属级别的不适用条件。考虑到集对分析正常情况下满足 $\sum(a,b_1,b_2,\cdots,b_n,c)=1$ 的条件，于是可得到通常情况下的适用条件为：$a>0.5$。

以上是假设 a 为最大的情况，如果是 b 或者 c 为最大，直接替换即可。

在 $a<0.5$ 时，亢永[141]认为应该结合系统级别特征值来判断系统的安全性能，原因在于系统级别特征值利用了系统各级别变量的全部信息，使样本归属于哪一个等级更全面、科学和客观，从而可以很好地避免失真现象的出现。系统各级别变量及其归属程度如表 4.3 所示。

表 4.3　各级别变量与其归属程度

级别变量	1	2	3	……	$n+1$	$n+2$
级别归属程度	a	b_1	b_2	……	b_n	c

把各级别变量的归属度作为权重，它与对应的级别特征值的积作为系统最后的级别特征值，即用 μ_{sum} 表示，用下式求得：

$$\mu_{\text{sum}} = \sum_{i=1}^{n} \left[A \times 1 + B_i(i+1) + C(n+2) \right] \tag{4.12}$$

集对势是集对分析理论的独有特点，所以在对系统安全性级别判断时，应把多元联系数的判断结果与集对势结合起来，综合判断结果会更准确。

4.2.4.2　多元联系数评价模型

（1）因素权重计算

对于各个影响因素，利用层次分析法[146-149]进行权重计算，然后进行权重的汇总。

层次分析法（Analytic hierarchy process, AHP）是美国运筹学家 Saaty 教授于 20 世纪 70 年代提出的一种实用的多方案或多目标的决策方法。它是一种对一些较为复杂、模糊的问题作出决策的简易方法,是一种定量分析与定性分析相结合的有效方法。层次分析法(AHP)确定权重的步骤如下:

①构造判断矩阵。依据层次分析法的原理和程序,判断矩阵元素值是由专家根据资料数据以及自己的经验和价值观用判断尺度来确定的,其量化标度仍采用层次分析法中的1~9标度,如表4.4所示。

表 4.4 传统层次分析法的标度表

标度 a_{ij}	含义
1	i 因素与 j 因素同等重要
3	i 因素与 j 因素略重要
5	i 因素与 j 因素较重要
7	i 因素与 j 因素非常重要
9	i 因素与 j 因素绝对重要
2,4,6,8	为以上两种判断矩阵之间的中间状态对应的标度值
倒数	j 因素比较 i 因素得到的判断矩阵值为 $a_{ji}=1/a_{ij}$,$a_{ii}=1$

以 A 表示目标,u_i,$u_j(i,j=1,2,\cdots,n)$ 表示因素,u_{ij} 表示 u_i 对 u_j 的相对重要性数值,并由 u_{ij} 组成 $A-U$ 判断矩阵 P。

$$P = \begin{bmatrix} \mu_{11} & \mu_{12} & \cdots & \mu_{1n} \\ \mu_{21} & \mu_{22} & \cdots & \mu_{2n} \\ \vdots & \vdots & \vdots & \vdots \\ \mu_{n1} & \mu_{n2} & \cdots & \mu_{nn} \end{bmatrix} \qquad (4.13)$$

②计算重要性排序。根据判断矩阵,求出其最大特征根 $\lambda_{\max}$ 所对应的特征向量 $\overline{W}$。方程如下:

$$PW = \lambda_{\max} \cdot \overline{W} \qquad (4.14)$$

所求特征向量 $\overline{W}$ 经归一化,即为各评价因素的重要性排序,也就是权重分配。其中特征向量:

$$W_i = \overline{W}_i \Big/ \sum_{j=1}^{n} \overline{W}_i \qquad (i,j=1,2,\cdots,n) \qquad (4.15)$$

$$\overline{W}_i = M_i = \Big(\prod_{j=1}^{n} P_{ij}\Big)^{1/n} \qquad (i=1,2,\cdots,n) \qquad (4.16)$$

$$\lambda_{\max} = \sum_{i=1}^{n} \frac{PW_i}{nW_i} = \frac{1}{n}\sum_{i=1}^{n} \frac{PW_i}{W_i} \qquad (i=1,2,\cdots,n) \qquad (4.17)$$

③一致性检验。以上得到的权重分配是否合理,还需要对判断矩阵进行一致性检验。检验使用公式:

$$CR = CI/RI \qquad (4.18)$$

式中,CR 为判断矩阵的随机一致性比率;CI 为判断矩阵的一般一致性指标。它由下式给出：

$$CI = (\lambda_{\max} - n)/(n-1) \qquad (4.19)$$

RI 为判断矩阵的一致性指标，$1\sim9$ 阶判断矩阵的 RI 值见表 4.5。

表 4.5　一致性指标 RI 数值

n	1	2	3	4	5	6	7	8	9
RI	0	0	0.58	0.90	1.12	1.24	1.32	1.41	1.45

当判断矩阵 P 的 $CR<0.1$ 时或 $\lambda_{\max}=n$，$CI=0$ 时，认为矩阵 P 具有满意的一致性，否则应调整 P 中的元素数值以使其具有满意的一致性。

（2）专家权重的确定

为了使评价的结果能够更加客观准确，聘请来自矿山企业安全管理专业、矿山采矿过程设计专业、企业注浆施工管理技术等方面的专家和技术人员，根据他们的教育背景、现场工作经验、知识素养等方面为各位专家赋予相应的权重，记为 $\omega=(\omega_1,\omega_2,\omega_3,\cdots,\omega_n)$。

（3）划分变量归属度等级

考虑基于集对分析多元联系数评价模型的条件，系统各级别变量与其归属程度分布如表 4.3 所示。

（4）计算联系度矩阵 R

根据专家对各影响因素的打分，结合各指标的综合权重，得到各个专家对该系统的联系度：

$$\mu_i = a + b_1 i_1 + b_2 i_2 + b_3 i_3 + cj, i=1,2,\cdots$$

从而得到联系度矩阵

$$R = \begin{bmatrix} \mu_{11} & \mu_{12} & \cdots & \mu_{1n} \\ \mu_{21} & \mu_{22} & \cdots & \mu_{2n} \\ \vdots & \vdots & \ddots & \vdots \\ \mu_{n1} & \mu_{n2} & \cdots & \mu_{nn} \end{bmatrix}$$

（5）综合联系度计算

综合考虑专家权重的影响，结合联系度矩阵，得到最终的综合的联系，公式如下：

$$\mu = \omega \cdot R \cdot E \qquad (4.20)$$

式中，E 为联系数分量，$E=(1,i_1,i_2,\cdots,j)$。

（6）计算归属度特征值

将各个级别的变量的权重与对应级别的特征值的乘积总和作为系统最终的级别特征值 μ_{sum}。

根据式（4.12），当 $n=1$ 时，$\mu_{sum}=a\times1+b\times2+c\times3$，即是基于三元联系数

集对分析的系统级别特征值。最终根据 μ_{sum}，结合集对势对注浆帷幕堵水隔障带的稳定性进行评价。基于多元联系数集对分析评价程序见图 4.2。

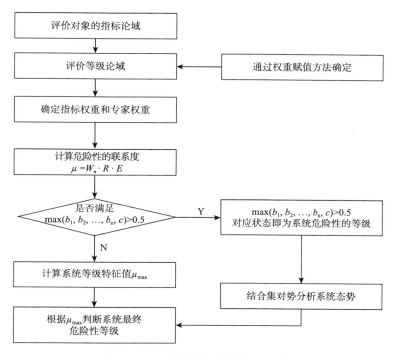

图 4.2 多元联系集对分析评价程序

4.3 堵水隔障带稳定性影响因素分析

帷幕注浆堵水隔障带失稳的发生与其所处工程地质、水文地质条件的复杂程度以及采场的几何参数、所处深度、采动影响、开挖顺序等密切相关。在不同的工程应用中，各因素的重要性也各不相同。已有研究资料和地下工程稳定性的研究成果显示，影响采空区顶板稳定性的主要因素有以下几个方面[146,150-151]。

4.3.1 区域工程地质因素

（1）岩体结构。岩体结构由结构面和结构体两部分组成，是反映岩体工程地质特征的最根本因素，不仅影响岩体的内在特性，而且影响岩体的物理力学性质及其受力变形的全过程。结构面和结构体的特性决定了岩体结构特性，也决定了岩体的结构类型。工程岩体的稳定性主要取决于结构面的性质及其空间组合和结构体的性质等。一般情况下，如果岩体的结构比较完整，构造变动小，节理裂隙发育弱,相对岩体的强度高,则围岩相对稳固,采空区的安全稳定性好,危险程度低;反之,岩体复杂的破碎岩层,如果其构造变动强烈,构造影响严重,接触和挤压破碎带,节理、劈理等均发育,结构面组数多、密度大且彼此相互交切,则采空区的安全稳定性就差。

(2)地层岩性。可溶岩与非可溶岩岩石一般是在不同地质历史阶段和地质环境条件下形成的,矿物成分、结构特征等也不同,具有不同的可溶性、透水性,通过岩溶发育条件组合以及构造等地质作用发育产生的岩溶介质不同,形成不同的岩溶个体形态与含水介质结构,见表4.6,按岩溶发育程度地层岩性可分为3个水平分级。

表 4.6　地层岩性水平分级表

水平分级	定义
强岩溶层	厚层-中厚层质纯灰岩或古老的硅质胶结白云岩具有稀疏而宽大的原生裂隙,透水性强,是地下水运动的主要通道,易形成规模巨大的洞穴系统;炭质和沥青质灰岩常含有较多黄铁矿、硫化氢等还原物质,易氧化产生硫酸等,具有双倍侵蚀性,岩溶分异正反馈启动阈值低
中等岩溶层或弱岩溶层	大理岩一般具有镶嵌结构特征,岩性及岩溶发育特征常介于灰岩与白云岩之间,内部发育各种构造裂隙与溶蚀裂隙网络,但岩溶发育正反馈强烈时,也可发育成大型岩溶管道系统;薄层灰岩、泥质灰岩裂隙网络在溶蚀过程中裂隙易被白云岩及次生方解石岩充填,但孔隙率较高
非可溶岩	在碳酸岩地区一般可认为是可靠的相对隔水层与非岩溶层

(3)岩石物理力学性质。岩石的物理力学性质对采空区顶板稳定性起着重要作用。在多数岩体工程的稳定性分析中,一个重要的影响因素便是岩石的物理力学性质。当岩石呈厚层块状、质纯、强度高时,并且岩石的走向与采空区轴线正交或斜交,倾角平缓,对采空区稳定性有利;反之,对采空区稳定性不利。

当采空区顶板和支座处岩层比较完整,层理较厚、强度较高而洞跨较大时,结构力学近似评价法认为岩石的抗拉强度对顶板稳定性起主要作用。但当采空区顶板岩石节理裂隙发育时,对稳定性起作用的不再是完整岩石的强度,而应当是节理或破损岩体的抗拉强度。

(4)岩石 RQD 质量指标。岩石质量的优劣直接影响着岩体的变形特性和变形量的大小,岩石质量越好,岩体的刚性越大。根据刚度理论,岩体受到屈服后的刚度 KR 大于顶底板和支架的刚度 KC 时,采空区处于稳定状态;而当 KR 小于 KC 时,采空区处于不安全状态。因此,质量越好的岩石下的采空区的安全稳定性就越好。衡量岩石质量的好坏可以根据其抗压强度与岩石的纵波速度,或者由它们的综合情况来决定,但是这样较为复杂,况且人为的误差较大。相比较而言,采用岩石质量指标的 RQD 的取值较为容易。

（5）构造应力。地壳形成后,在漫长的地质年代不断运动变化。每一次构造运动都在地壳内留下了各种各样的构造形迹。这说明有一种促使构造运动发生和发展的内在力,就是构造应力。因此,在对采空区的稳定性进行研究时也要考虑其构造应力的影响。但是,由于构造应力的大小和构造应力的方向在不同的区域不相同,有的地区地质构造不发育,构造应力在开采过程中得到释放,构造应力对采空区稳定性影响较小。

（6）不连续面性状。不连续面的光滑或粗糙程度、组合状态及其充填物的性质,都反映了不连续面的性质,直接影响结构面的抗剪特性。结构面越粗糙,其抗剪强度中的摩擦系数越高,对块体运动的阻抗力越强。结构面的宽度或充填物的厚度越大且其组成物质越弱,则压缩变形量越大,抗滑移的能力越小。此外,不连续面的间距、产状及其组合状态都对采空区的安全稳定性产生较大的影响,如弱面比较发育的地段,其平均间距较小,不同产状的弱面彼此相互交切,将岩体切割成大小不同的岩块,破坏了岩体的完整性,削弱了岩体的强度,大大降低了采空区的安全稳定性。

4.3.2 区域水文地质因素

奥陶系灰岩岩溶水是矿山突水的物质前提,也是决定性因素之一。岩溶地区的地下水处于不同水动力分布带时,具有不同的致灾特性;季节变化带和浅饱水带岩溶发育,地下水活跃,地下水以孔隙水、裂隙水、岩溶水等几种形式存在,具有较强的致灾能力;深饱水带一般也是深部缓循环带,由于地下水活动强度降低,主要以孔隙水和裂隙水形式存在,但地下水位较高,若采掘工程对注浆帷幕堵水隔障带的破坏和含水裂隙或大型充水溶洞相通时会造成突水灾害。

地下水是一种重要的地质应力,它与岩土体之间的相互作用,一方面改变着岩土体的物理、化学及力学性质,另一方面也改变着地下水自身的物理、力学性质及化学组分。流动着的地下水对岩土体产生三种作用,即物理的、化学的和力学的作用,地下水对岩(土)体稳定性的影响,可以归纳为以下几个方面:

（1）物理作用

①润滑作用。使不连续面上(如未固结的沉积物及土壤的颗粒表面或坚硬岩石中的裂隙面、节理面和断层面等结构面)的摩阻力减小和作用在不连续面上的剪应力效应增强,结果沿不连续面诱发岩土体的剪切运动。地下水对岩土体产生的润滑作用反映在力学上,就是使岩土体的摩擦角减小。

②软化作用。它是水对岩土体产生的一种物理作用,岩土体受水浸湿后,地下水使得土体和岩体结构面中充填物的物理性状发生改变。地下水充满岩土体孔隙,使之失去由毛细管吸力或弱结合水所形成的凝聚力,导致土质软化,力学

性能降低,内聚力和摩擦角值减小,使得岩土体承载力减小。当地下水位下降时,土体随时间增长将发生缓慢而长期的剪切变形,导致抗剪强度的衰减、土体结构的破坏及附加沉降。

③结合水的强化作用。对于包气带土体来说,由于土体处于非饱和状态,地下处于负压状态,此时土壤中的地下水不是重力水,而是结合水,按照有效应力原理,非饱和土体中的有效应力大于土体的总应力,地下水的作用是强化了土体的力学性能,即增加了土体的强度。当土体中无水时,包气带的沙土孔隙全被空气充填,空气的压力为正,此时沙土的有效应力小于其总应力,因而是一盘散沙,当加入适量水后沙土的强度迅速提高。因此,当土体达到最佳含水量时,地下水对土体起着强化作用。而当包气带土体中出现重力水时,水的作用就变成了(润滑土粒和软化土体)弱化土体。

④力学作用。地下水对岩土体的力学作用主要通过空隙静水压力和空隙动水压力作用对岩土体的力学性质施加影响。前者减小岩土体的有效应力而降低岩土体的强度,在裂隙岩体中的孔隙静水压力可使裂隙产生扩容变形;后者对岩土体产生切向的推力以降低岩土体的抗剪强度。地下水在松散土体、松散破碎岩体及软弱夹层中运动时,对土颗粒施加一体积力,在孔隙动水压力的作用下可使岩土体中的细颗粒物质产生移动,甚至被带出岩土体之外,产生潜蚀而破坏岩土体,这就是管涌现象。在岩体裂隙或断层中的地下水对裂隙壁施加两种力,一是垂直于裂隙壁的孔隙静水压力(面力),该力使裂隙产生垂向变形;二是平行于裂隙壁的孔隙动水压力(面力),该力使裂隙产生切向变形。

(2)化学作用

地下水的化学作用主要是通过地下水与岩土体之间的离子交换、溶解作用、溶蚀作用、水化作用、水解作用、氧化还原的作用、沉淀作用等实现。地下水与岩土体之间的离子交换使得岩土体的结构改变,从而影响岩土体的力学性质。能够进行离子交换的物质是黏土矿物,如高岭土、蒙脱土等。溶解和溶蚀作用的结果使岩体产生溶蚀裂隙、溶蚀空隙及溶洞等,增大了岩体的孔隙率及渗透性,众所周知的黄土湿陷问题就是由此引起。水化作用使岩石的结构发生微观、细观及宏观的改变,减小岩土体的内聚力。水解作用一方面改变着地下水的 pH 值,另一方面也使岩土体物质发生改变,从而影响岩土体的力学性质。地下水与岩土体之间发生的氧化还原作用,既改变着岩土体中的矿物组成,又改变着地下水的化学组分及侵蚀性,从而影响岩土体的力学特性。地下水对岩土体产生的各种化学作用大多是同时进行的,地下水的化学作用主要通过改变岩土体的矿物组成、结构性,从而改变岩土体的力学性能。

4.3.3 工程影响因素

（1）开采深度

开采深度（即采空区的埋深）越大，地应力越高，对顶板的稳定性越不利。一般将开采深度划分为4个等级：即浅井开采，采深小于300 m；中深井开采，采深300～600 m；深井开采，采深为600～1 200 m；超深井开采，采深大于1 200 m。

随着开采深度的延伸，采空区沉降值对地表的影响将减小。当采空区的深厚比大于150时，其影响就非常小了。另一方面，采空区的埋深增大，地表的移动变形时间就越长，但是其地表的残余变形也趋向均匀。

（2）采动影响[152]

在矿体中采矿，破坏了初始应力（原岩应力场）的平衡状态，在采场周围形成次生应力场，在顶板出现应力降低区及由最小主应力引起的拉应力区，两帮及矿柱中存在应力集中区，见图4.3。间柱中的最大主应力和最大剪应力，随着矿体倾角增大而降低，而最小主应力开始降低然后又上升，见图4.4。对于受到采动影响的巷道，它的维护状况除了受巷道所处位置的自然因素影响外，主要取决于采动影响。矿体开采以后，采空区上部岩层重量将向采空区周围新的支撑点转移，从而在采空区四周形成支撑压力带。

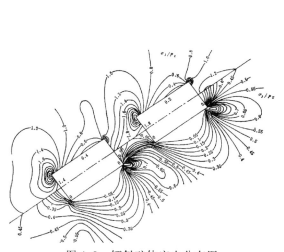

图4.3 倾斜矿体应力分布图

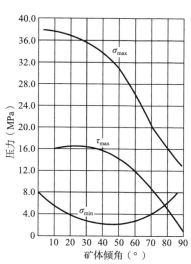

图4.4 应力分布与矿体倾角关系

充填采矿法由于减小了采空区暴露空间，改善矿柱的受力状态，因此，采空区稳定性优于其他采矿方法；回采顺序也对采空区施加一定影响，垂直方向上，工作面呈"品"字形推进，有利于形成免压拱，因而有利于顶板安全管理。

（3）矿柱的稳定性

在采用矿柱支撑法管理顶板时,矿柱的稳定性是至关重要的。岩层的变形和破坏是从直接顶开始,自下而上扩散,破坏时,直接顶最下部岩层的碎胀性最大。因此,基本顶和所有上覆层的下沉量一般都比矿体开采的高度要小。这样,很长一段时间内,在矿柱内部,尤其是矿柱边缘区存在较大的集中应力。如果矿柱边缘区因应力过大而导致其破坏,岩层的两帮会失去支撑,将会引起应力调整而使裂隙带的高度继续增大,从而导致支撑压力向矿柱深部发展,同时会引起该悬臂跨度的增大。若矿柱根本不足以承受覆岩的压力,在一段时间内,矿柱将被压垮。

（4）采空区体积

采空区的大小是采空区体积的决定性因素,对采空区稳定性有影响。一旦采空区出现塌陷,上覆岩层将充填采空区,采空区的塌陷高度将由采空区的体积决定。采空区的体积越大,塌陷的范围就越大。随着开采高度的增加,采空区矿柱的承压强度逐渐降低,直接影响采空区顶板和上覆岩土体的稳定性。

（5）矿体倾角

矿体倾角影响顶板破坏和破坏模式:矿体倾角越大,形成空区的顶板越稳定;相反倾角越小,则易发生拱形冒落;横向切割顶板的结构面较纵向切割顶板的结构面更容易引起顶板楔形垮冒。

（6）极限跨度

用空场法开采缓倾斜矿体时,使顶板保持稳定所允许达到的最大暴露面积称为极限暴露面积,而称最大允许跨度为极限跨度。对于狭长形（长 L 与宽 B 之比大于3）的顶板,其稳定性视跨度 B 而定;而对于 L/B 小于3的矩形或方形顶板,其稳定性视暴露面积（$A = L \cdot B$）大小而定,或视等效跨度 b 而定。此等效跨度 b 由暴露面积 A 及其边长 L 与宽 B 的大小按下式计算:

$$b = \frac{A}{\sqrt{B^2 + L^2}} = \frac{B \cdot L}{\sqrt{B^2 + L^2}} \tag{4.21}$$

（7）临近矿房开采影响

根据岩体力学理论,如果在6倍采空区跨度周围存在其他作业采场,那么应力会重新分布,采空区的围岩将出现应力叠加,造成应力集中,从而影响采空区的稳定性。

（8）爆破震动影响[153-155]

爆破对岩石的破坏是冲击波和爆轰气体膨胀压力共同作用的结果,对于中等坚硬岩石,冲击波和爆轰气体膨胀压力起着同等重要作用。爆破时使岩石产生压缩和拉伸变形,是造成岩石破裂的主要原因。爆破实践表明在无限介质中的爆破,其裂隙延伸的最大距离为150倍药包半径,若按中深孔药包半径0.023 m计,裂隙延伸的最大距离为3.45 m。在有自由面情况下的爆破,井下采用中深孔爆破时,它对上下盘岩石的破坏取决于应力波的透射大小和是否存在节理、裂隙和自由面。对上盘岩石来说,如果注浆厚度达到离矿石 30 m 以上,其破坏位置主要在离矿体较近的注浆体和上盘岩石的接触面上,其破坏形式为由反射应力波引起的局部片帮小裂隙,因无自由面,这种小裂隙将非常小且短。

4.4 稳定性集对评价模型建立

4.4.1 评价对象因素权集计算

根据对采空区顶板稳定性影响因素的研究分析[156-157],以及基于工程实例统计与理论分析结果可知,注浆帷幕堵水隔障带顶板稳定性主要与矿区地质条件、岩石物理力学性质等因素有关,如图 4.5 所示。堵水隔障带稳定性划分为五个级别:Ⅰ(极不稳定)、Ⅱ(不稳定)、Ⅲ(基本稳定)、Ⅳ(较稳定)、Ⅴ(稳定)。

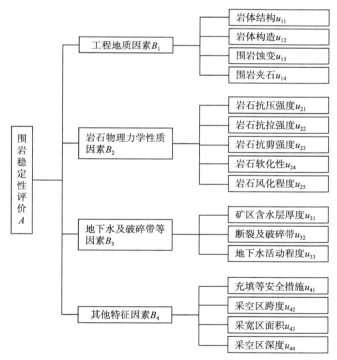

图 4.5 隔障带稳定性评价指标分析层次模型

(A 为目标层;B 为因素层;U 为因子层)

基于工程实例统计与理论分析,构造注浆帷幕堵水隔障带稳定性各因素判断矩阵,利用 4.2.4 节介绍的层次分析法计算各级指标权重值。

(1)一级指标判断矩阵及权重值计算结果(表 4.7)

表 4.7　一级指标权重表

A	B_1	B_2	B_3	B_4	M_i	$\overline{W_i}$	W^{T}
B_1	1	1/2	3	2	3.000	1.442	0.259
B_2	2	1	4	4	32.000	3.175	0.570
B_3	1/3	1/4	1	2	0.167	0.551	0.071
B_4	1/2	1/4	1/2	1	0.063	0.398	0.100

单因素权重向量 $W^{\mathrm{T}} = (0.259, 0.570, 0.071, 0.10)$,$\lambda_{\max} = 4.021$,$CI = 0.007$,$CR \approx 0.007 < 0.1$,满足一致性条件,表明 $B_1 \sim B_4$ 在注浆帷幕堵水隔障带稳定性评价所占的权重(以下意思同)。

(2)二级指标判断矩阵及权重值计算结果

二级指标权重集 $B_1 = (u_{11}, u_{12}, u_{13}, u_{14})$,$B_2 = (u_{21}, u_{22}, u_{23}, u_{24}, u_{25})$,$B_3 = (u_{31}, u_{32}, u_{33})$,$B_4 = (u_{41}, u_{42}, u_{43}, u_{44})$。对二级指标因素分别构造判断矩阵,仍采用层次分析法计算权重值,判断和指标权重值分别见表 4.8—表 4.11。

表 4.8　工程地质二级指标权重表

B_1	u_{11}	u_{12}	u_{13}	u_{14}	M_i	$\overline{W_i}$	W^{T}
u_{11}	1	2	1/2	2	2.00	1.260	0.268
u_{12}	1/2	1	1/2	2	0.50	0.794	0.193
u_{13}	2	2	1	3	12.00	1.289	0.417
u_{14}	1/2	1/2	1/3	1	0.08	0.431	0.122

表 4.9　岩石力学性质二级指标权重表

B_2	u_{21}	u_{22}	u_{23}	u_{24}	u_{25}	M_i	$\overline{W_i}$	W^{T}
u_{21}	1	3	3	2	2	36.00	3.302	0.352
u_{22}	1/3	1	1/2	1/3	1/3	0.02	0.267	0.082
u_{23}	1/3	2	1	1/3	1/2	0.11	0.479	0.114
u_{24}	1/2	3	3	1	2	9.00	2.080	0.266
u_{25}	1/2	3	2	1/2	1	1.50	1.145	0.187

表 4.10 地下水及破碎带二级指标权重表

B_3	u_{31}	u_{32}	u_{33}	M_i	$\overline{W_i}$	W^{T}
u_{31}	1	3	5	15.00	2.466	0.648
u_{32}	1/3	1	2	0.67	0.874	0.230
u_{33}	1/5	1/2	1	0.10	0.464	0.122

表 4.11 其他因素二级指标权重表

B_4	u_{41}	u_{42}	u_{43}	u_{44}	M_i	$\overline{W_i}$	W^{T}
u_{41}	1	5	7	2	70.000	4.121	0.526
u_{42}	1/5	1	2	1/3	0.133	0.510	0.110
u_{43}	1/7	1/2	1	1/5	0.014	0.241	0.063
u_{44}	1/2	3	5	1	7.500	1.957	0.301

为了便于应用集对分析,把因子层中的各个指标在目标层中所占的权重进行汇总,见表 4.12。

表 4.12 评价指标体系权重汇总表

目标层	一级指标	权重	二级指标	权重	综合权重
堵水隔障带稳定性评价	工程地质因素	0.259	岩体结构	0.268	0.069 4
			岩体构造	0.193	0.050 0
			围岩蚀变	0.417	0.108 0
			围岩夹石	0.122	0.031 6
	岩石物理力学性质因素	0.570	岩石抗压强度	0.352	0.200 5
			岩石抗拉强度	0.082	0.046 7
			岩石抗剪强度	0.114	0.064 9
			岩石软化性	0.265	0.151 5
			岩石风化程度	0.187	0.106 5
	地下水及破碎带因素	0.071	矿区含水层厚度	0.648	0.046 0
			断裂及破碎带	0.230	0.016 3
			地下水活动程度	0.122	0.008 7
	其他因素	0.100	充填等安全措施	0.526	0.052 6
			采空区跨度	0.110	0.011 0
			采空区面积	0.063	0.006 3
			采空区深度	0.301	0.030 1

4.4.2 堵水隔障带稳定性集对分析

为了定性评价分析注浆帷幕堵水隔障带的稳定性,不同单位聘请的从事矿山安全生产的 5 位专家($N_1, N_2, \cdots, N_5$)对堵水隔障带稳定性进行打分评价,按照各位专家的工作时间、专业水平、文化背景等因素,5 位专家自身的权重为 $\omega = (0.18, 0.17, 0.20, 0.23, 0.22)$。评价指标打分标准如表 4.13 所示。

表 4.13　指标打分标准

等级	1	2	3	4	5
对应状态	极不稳定	不稳定	基本稳定	较稳定	稳定

为了方便计算,将表 4.12 和专家的打分表进行汇总分析,从上到下依次为 $a_1, a_2, \cdots, a_{16}$,整理后如表 4.14 所示。

表 4.14　评价指标综合权重

评价因素	N_1	N_2	N_3	N_4	N_5	综合权重	评价因素	N_1	N_2	N_3	N_4	N_5	综合权重
a_1	3	4	5	5	5	0.069 4	a_9	4	4	4	3	5	0.106 5
a_2	4	3	4	4	4	0.050 0	a_{10}	4	3	4	4	5	0.046 0
a_3	1	4	4	3	3	0.108 0	a_{11}	2	2	3	2	3	0.016 3
a_4	2	1	2	2	2	0.031 6	a_{12}	2	1	2	1	1	0.008 7
a_5	5	5	5	5	5	0.200 4	a_{13}	5	4	4	4	4	0.052 6
a_6	2	1	2	1	2	0.046 7	a_{14}	3	3	3	3	3	0.011 0
a_7	1	2	1	2	1	0.064 9	a_{15}	2	2	1	2	1	0.006 3
a_8	3	3	3	3	4	0.151 5	a_{16}	4	4	3	5	5	0.030 1

根据权重的联系度公式,得到各位专家评价结果:

$$\mu_1 = 0.1729 + 0.1096i_1 + 0.2319i_2 + 0.2326i_3 + 0.2531j$$

$$\mu_2 = 0.0870 + 0.0875i_1 + 0.2585i_2 + 0.3666i_3 + 0.2005j$$

$$\mu_3 = 0.0532 + 0.0870i_1 + 0.2189i_2 + 0.3669i_3 + 0.2739j$$

$$\mu_4 = 0.0554 + 0.1191i_1 + 0.1486i_2 + 0.3770i_3 + 0.3000j$$

$$\mu_5 = 0.0962 + 0.0783i_1 + 0.1080i_2 + 0.4656i_3 + 0.2520j$$

于是得到:

$$\boldsymbol{R} = \begin{bmatrix} 0.1729 & 0.1096 & 0.2319 & 0.2326 & 0.2531 \\ 0.0870 & 0.0875 & 0.2585 & 0.3666 & 0.2005 \\ 0.0532 & 0.0870 & 0.2189 & 0.3669 & 0.2739 \\ 0.0554 & 0.1191 & 0.1486 & 0.3770 & 0.3000 \\ 0.0962 & 0.0783 & 0.1080 & 0.4656 & 0.2520 \end{bmatrix}$$

根据公式(4.20),求解最终的联系数,可得:

$$\boldsymbol{\mu} = (0.18, 0.17, 0.20, 0.23, 0.22) \cdot \begin{bmatrix} 0.1729 & 0.1096 & 0.2319 & 0.2326 & 0.2531 \\ 0.0870 & 0.0875 & 0.2585 & 0.3666 & 0.2005 \\ 0.0532 & 0.0870 & 0.2189 & 0.3669 & 0.2739 \\ 0.0554 & 0.1191 & 0.1486 & 0.3770 & 0.3000 \\ 0.0962 & 0.0783 & 0.1080 & 0.4656 & 0.2520 \end{bmatrix} \cdot \begin{bmatrix} 1 \\ i_1 \\ i_2 \\ i_3 \\ j \end{bmatrix}$$

$$= 0.0916 + 0.0962i_1 + 0.1874i_2 + 0.3665i_3 + 0.2583j$$

从上可以看出,由于 $\max(a, b_1, b_2, b_3, c) = 0.3665 < 0.5$,不满足判断条件,根据基于多元联系数集对分析的系统危险性评价程序可知需要计算级别特征值 μ_{sum},由公式(4.12)可得到:

$$\mu_{sum} = \sum_{i=1}^{3} [a \times 1 + b_i(i+1) + c(n+2)]$$
$$= 0.0916 \times 3 + 0.0962 \times 2 + 0.1874 \times 3 + 0.3665 \times 4 + 0.2583 \times 12 = 5.595$$

根据表 4.2 判断该系统处于稳定状态,同时根据 $a < c, b > a$ 的情况判断,系统向对立方向发展的趋势较弱。

上述计算表明,注浆帷幕堵水隔障带处于较稳定状态占 36.65%,稳定状态占 25.83%,基本稳定状态占 18.74%,这样处于基本稳定及其以上的状态约占 81.22%,比较符合矿山实际情况。矿山在实际生产过程中,也在不断地采取安全防范措施,保障注浆帷幕堵水隔障带的稳定。

4.5　小结

(1)堵水隔障带的稳定性不仅与注浆厚度有关,同时受多种不确定因素的影响。为了正确评价其稳定性,分析介绍了目前常用的不确定性评价方法的优缺点,探讨了主、客观权重赋值的方法步骤、使用条件并优选了集对分析理论作为本章的评价方法。

(2)集对分析(SPA)理论系统是处理不确定性问题的系统评价方法,针对传统的三元联系数表示的联系度在对系统安全性评价时有一定的局限,将集对分析三元联系数扩展到多元联系数,并对多元联系数情况下的集对势进行了排序分级。应用五元联系数集对分析法对系统进行评价时,为使得到的联系度更符合实际情况,给出五元联系数集对分析评价模型的使用条件,并探讨了本章应用的传统层次分析法。

(3)探讨了影响堵水隔障带稳定性的多种因素,根据已有研究成果和岩溶水矿床开采存在的问题,建立了区域工程地质影响、注浆帷幕体物理力学性质因素、地下水及破碎带因素和采掘工程布置等其他因素共 4 个一级指标、16 个二级指标的隔障带稳定性评价指标分析层次模型。

（4）基于集对分析理论，采用传统层次分析法对各因素权重赋值，结合专家打分，计算了各底层因子指标的综合权重值，对堵水隔障带稳定性进行了基于多元联系数的集对评价研究。计算表明，注浆帷幕堵水隔障带处于较稳定状态及其以上占 62.48%，由 $a<c$ 和 $b>a$ 的情况判断，系统向对立方向发展的趋势较弱。矿山在生产过程中，也在不断地采取安全防范措施，保障注浆帷幕堵水隔障带的稳定。实例表明，集对分析方法科学、可行，为注浆帷幕堵水隔障带稳定性评价提供了一种新的思路。

第5章　堵水隔障带稳定性数值模拟研究

本章研究的内容主要有两个方面,一是随着矿体逐步开采的进行,对矿体顶板覆岩变形、破坏区域向上逐渐发展的全过程进行数值模拟,直观地显示堵水隔障带的变形、破坏过程以及渗流场在整个岩体的运移过程中的变化情况,以判别帷幕注浆堵水隔障带的变化是否会引发突水的可能性。二是从岩石力学角度出发,建立帷幕注浆堵水隔障带条件下的矿体开采计算模型,利用 FLAC³ᴰ 数值模型,模拟在分步开采条件下,从岩石力学方面分析帷幕注浆堵水隔障带的破坏变形,研究各围岩、矿柱的应力、塑性区及位移场变化,分析其稳定性,即区带理论。

5.1　FLAC³ᴰ 基本原理

5.1.1　有限差分计算方法

三维采场宏观力学行为的计算研究采用拉格朗日有限差分方法。有限差分法可能是求解给定初值和(或)边值的微分方程组的最古老的数值方法。近年来,随着计算机技术的飞速发展,有限差分法以其独特的计算风格和计算流程在数值方法家族中异军突起,以崭新的面貌在众多科学领域的复杂问题计算分析中出现。

在有限差分法中,基本方程组和边界条件(一般均为微分方程)近似地改用差分方程(代数方程)来表示,即由空间离散点处的场变量(应力,位移)的代数表达式代替。这些变量在单元内是非确定的,从而把求解微分方程的问题改换成求解代数方程的问题。相反,有限元法则需要场变量(应力,位移)在每个单元内部按照某些参数控制的特殊方程产生变化。公式包括调整这些参数,以减小误差项和能量项。

有限差分法相对高效地在每个计算步重新生成有限差分方程,通常采用“显式”、时间递进法求解代数方程。有限差分数值计算方法用相隔等间距 h 而平行于坐标轴的两组平行线划分成网格,见图 5.1。设 $f = f(x, y)$ 为弹性体内某一个连续函数,它可能是某一个应力分量或位移分量,也可能是应力函数、温度、渗流等。

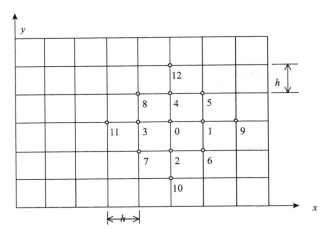

图 5.1　有限差分网格

对于三维问题,先将具体的计算对象用六面体单元划分成有限差分网格,每个离散化后的立方体单元可进一步划分出若干个常应变三角棱锥体子单元(图 5.2)。

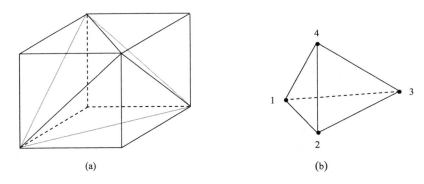

图 5.2　立方体单元划分成 5 个常应变三角棱锥体单元

应用高斯发散量定理于三角棱锥形体单元,可以推导出:

$$\int_V v_{i,j}\,\mathrm{d}v = \int_S v_i n_j\,\mathrm{d}s \tag{5.1}$$

式中的积分分别是对棱锥体的体积和面积进行积分,$[n]$ 是锥体表面的外法线矢量。

对于恒应变速率棱锥体,速度场是线性的,并且 $[n]$ 在同一表面上是常数。因此,通过对式(5.1)积分,得到:

$$V_{v(i,j)} = \sum_{f=1}^{4} \bar{v}_i {}^f n_j {}^f S^f \tag{5.2}$$

式中的上标 f 表示与表面 f 上的附变量相对应,v_i 是速度分量 i 的平均值。

三维问题有限差分法基于物体运动与平衡的基本规律,应用牛顿定律描述的运动方程为：

$$m \frac{\mathrm{d}\dot{u}}{\mathrm{d}t} = F \tag{5.3}$$

当几个力同时作用与该物体时，如果加速度趋于零，即：$\sum F = 0$（对所有作用力求和），式（5.3）表示该系统处于静力平衡状态。对于连续固体，式（5.3）写成如下广义形式：

$$\rho \frac{\partial \dot{u}}{\partial t} = \frac{\partial \sigma_{ij}}{\partial x_j} + \rho g_i \tag{5.4}$$

式中，ρ 为物体的质量密度；t 为时间；x_i 为坐标矢量分量；g_i 为重力加速度（体力）分量；σ 为应力张量分量；下标 i 表示笛卡尔坐标系中的分量，复标喻为求和。

根据力学本构定律，可以由应变速率张量获得新的应力张量：

$$\sigma_{ij} := H(\sigma_{ij}, \dot{\xi}_{ij}, k) \tag{5.5}$$

式中，$H(\ldots)$ 为表示本构定律的函数形式；k 为历史参数，取决于特殊本构关系；$:=$ 表示"由…替换"。

通常，非线性本构定律以增量形式出现，因为在应力和应变之间没有单一的对应关系。当已知单元旧的应力张量和应变速率（应变增量）时，可以通过式（5.5）确定新的应力张量。

在一个时步内，单元的有限转动对单元应力张量有一定的影响。对于固定参照系，此转动使应力分量有如下变化：

$$\sigma_{ij} := \sigma_{ij} + (\omega_{ik}\sigma_{kj} - \sigma_{ik}\omega_{kj})\Delta t \tag{5.6}$$

式中，

$$\omega_{ij} = \frac{1}{2}\left(\frac{\partial \dot{u}_i}{\partial x_j} - \frac{\partial \dot{u}_j}{\partial x_i}\right) \tag{5.7}$$

在大变形计算过程中，先通过式（5.6）进行应力校正，然后利用本构定律式（5.5）计算当前时步的应力。

计算出单元应力后，可以确定作用到每个节点上的等价力。在每个节点处，对所有围绕该节点四边形棱锥体的节点力求和 $\sum F_i$，得到作用于该节点的纯粹节点力矢量。该矢量包括所有施加的载荷作用以及重力引起的体力 $F_i^{(g)}$：

$$F_i^{(g)} = g_i m_g \tag{5.8}$$

式中，m_g 是聚在节点处的重力质量，定义为连接该节点的所有三角形棱锥体质量和的三分之一。如果某区域不存在（如空单元），则忽略对 $\sum F_i$ 的作用；如果物体处于平衡状态，或处于稳定的流动（如塑性流动）状态，在该节点处的 $\sum F_i$ 将视为零。否则，根据牛顿第二定律的有限差分形式，该节点将被加速：

$$\dot{u}_i(t + \Delta t) = \dot{u}_i(t - \Delta t/2) + \sum F_i(t)\frac{\Delta t}{m} \tag{5.9}$$

75

式中,上标表示确定相应变量的时刻。

对大变形问题,将式(5.9)再次积分,可确定出新的节点坐标:

$$\dot{x}_i(t + \Delta t) = \dot{x}_i(t) + \dot{u}_i(t + \Delta t/2)\Delta t \tag{5.10}$$

注意式(5.9)和式(5.10)都是在时段中间,所以对中间差分公式的一阶误差项消失。速度产生的时刻,与节点位移和节点力在时间上错开半个时步。

5.1.2 FLAC³ᴰ流-固耦合模拟计算

FLAC³ᴰ程序能够模拟饱和多孔材料内的液体瞬间流动,程序能够单独完成渗流计算,而不依赖于 FLAC³ᴰ程序中通用的力学计算,也就是说渗流计算可以和力学模拟同时进行,最后得到流-固耦合相互作用的结果。

(1)流体质量平衡方程

对于小变形,流体质量平衡方程可以表达为:

$$-q_{i,i} + q_v = \frac{\partial \zeta}{\partial t} \tag{5.11}$$

式中,q_i 为比流量,m/s;q_v 为流体来源的强度,1/sec;ζ 为流体容积的变化,或者是每单位体积多孔材料由于扩散性的流体质量运输引起的流体体积变化。

在 FLAC³ᴰ程序的计算公式中,流体容积的变化和孔隙压力 p 的变化、力学体积应变 ϵ 的变化以及温度 T 的变化是线性相关的。流体本构定律可以描述为:

$$\frac{\partial \zeta}{\partial t} = \frac{1}{M}\frac{\partial p}{\partial t} + \alpha\frac{\partial \epsilon}{\partial t} - \beta\frac{\partial T}{\partial t} \tag{5.12}$$

式中,M 为毕奥模量,N/m²;α 为毕奥系数;B 为非排水导热系数,1/℃;公式考虑了流体和颗粒的热膨胀效应。

将公式(5.12)代入公式(5.11)中并进行整理,可以得到:

$$-q_{i,i} + q_v^* = \frac{1}{M}\frac{\partial p}{\partial t} \tag{5.13}$$

式中,

$$q_v^* = q_v - \alpha\frac{\partial \epsilon}{\partial t} + \beta\frac{\partial T}{\partial t} \tag{5.14}$$

(2)达西定律

对于均匀的、各向同性的固体和具有恒定密度的流体,达西定律表达式:

$$q_i = -kp - \rho_f x_j g_{j,i} \tag{5.15}$$

式中,k 为渗透率(或者是随机系数),m³/(N·s);ρ_f 是流体的密度,kg/m³;g_i($i=1,2,3$),是重力矢量的三个分量,m/s²。

为了进一步的应用,定义数量

$$\phi = \frac{p - \rho_f x_j g_j}{\rho_f g} \tag{5.16}$$

式中,g 是重力矢量的模数,被定义为顶点;$\rho_f g$ 被定义为压力差。

(3)渗流力学本构定律

体积应变对孔隙压力的影响是通过流体本构定律反映出来的,接下来,孔隙压力的变化引起了力学变形的发生,多孔固体本构方程的增量表达式为:

$$\Delta \breve{\sigma}_{ij} + \alpha \Delta p \delta_{ij} = H_{ij}^* (\sigma_{ij}, \Delta \varepsilon_{ij} - \Delta \varepsilon_{ij}^T) \qquad (5.17)$$

式中,$\Delta \breve{\sigma}_{ij}$ 为共转压力增量;H_{ij}^* 为一个特定的函数;$[\varepsilon]$ 为总应变;$[\varepsilon^T]$ 为温度应变;δ_{ij} 为 Kronecker 增量。

热-力之间的关系如下所述:

$$\Delta \varepsilon_{ij}^T = \alpha_T \Delta T \delta_{ij} \qquad (5.18)$$

式中,α_T 是线性热膨胀系数,注意,作为规定,数量 $\alpha \Delta p \delta_{ij}$ 是整体的压力修正。

在特殊情况下,弹性关系可以被描述为:

$$\sigma_{ij} - \sigma_{ij}^0 + \alpha (p - p_0) \delta_{ij} = 2G (\varepsilon_{ij} - \varepsilon_{ij}^T) + \alpha_2 (\varepsilon_{KK} - \varepsilon_{KK}^T) \delta_{ij} \qquad (5.19)$$

式中,$\alpha_2 = k - 2G/3$;K 和 G 是排水弹性固体的体积模量和剪切模量;σ_{ij}^0 和 p_0 是初始条件。

(4)边界和初始条件

用公式(5.15)中的 q_i 代替公式(5.13)中的 q_i,假设 q_v^* 已知,就可以得出关于流体的微分方程。初始条件符合一个特定的压力场,边界条件通常根据孔隙压力或者根据垂直于边界的比流量的分量来确定。FLAC³ᴰ程序考虑了四种情况:①给定孔隙压力;②给定垂直边界的比流量分量;③给定渗流边界;④给定不具有渗透性区域的边界。

在 FLAC³ᴰ程序中,渗流的边界有这样的公式:

$$q_n = h (p - p_e) \qquad (5.20)$$

式中,q_n 为在外法线方向上垂直于边界的比流量的分量;h 为渗透系数,m³/(N·s);p 是边界表面上的孔隙压力;p_e 是渗透层中的孔隙压力。

应该注意,在应用 FLAC³ᴰ的数值模拟计算时,边界默认为是不具有渗透性的。

5.2 矿房开采模型建立

5.2.1 工程概况

矿体埋藏于地表以下 56～962 m(海拔标高＋120～－790 m)的大理岩和闪长岩接触带中。矿体严格受接触带控制,走向长度 2300 m,厚 0.23～90.81 m,平均 14.96 m,走向 SE—NW,倾向 NE,倾角一般 30°～40°,最大倾角 64°,缓者近似水平,矿体呈似层状,局部为囊状,矿体连续性好。总趋势是东部矿体薄,埋藏浅,产状陡,形态复杂;西部矿体厚,埋藏深,产状缓,形态较东部简单。全矿床地质平均品位 TFe 为 47.98%，−150 m 以上为 48.72%，矿石体重 3.74 t/m³。矿石硬度系数 $f=10\sim12$。

矿体直接顶板主要是大理岩 $f=8\sim12$，个别处为薄层矽卡岩 $f=4\sim8$；底板主要为矽卡岩 $f=4\sim8$，也有矽卡岩化闪长岩 $f=6\sim12$、蚀变闪长岩 $f=6\sim12$ 等，闪长岩体重 2.75 t/m³。矿岩松散系数均为 1.5。

该矿水文地质条件复杂，地表有嘶马河横穿矿体中部，方下河从矿体西端部通过，两个主要含水层是第四系砂砾岩和岩溶发育的奥陶系灰岩，两含水层之间有第三系隔水层，但局部有缺失，形成"天窗"。

5.2.2　采矿方法

模拟区域矿体倾角 37°，采用点柱上向水平分层充填采矿法。与注浆工程相结合，矿块沿走向布置，每隔两个矿房留一宽度 5 m 的间柱，阶段高 40～50 m，每 10 m 高为一分段，矿房长 27.5 m，宽 20 m，矿体厚度大于 20 m 时从上盘向下盘分次回采。按 10 m 间距施工分段注浆穿脉巷道，每分段分三层自下而上进行回采，浅眼落矿，分层高度控制在 3～4 m 以内，回采时在矿房采场内留设 5 m×5 m 的点柱，点柱中心距 12 m，以支撑顶板，减小采场的连续空顶面积，分层回采完毕立即充填。间柱与点柱均为永久性的自然矿柱。

5.2.3　矿房模型

用 FLAC³ᴰ进行数值分析主要包括以下步骤：

(1)确定几何尺寸，生成网格；

(2)确定材料本构模型及其性质；

(3)安排工程对象(如开挖、支护等)；

(4)定义边界条件和初始条件；

(5)模型修正；

(6)数值计算及结果输出。

采用三维非线性流-固耦合数值模拟计算，计算模型 X 方向宽 600 m，Y 方向长 315 m，高度约 152 m。三维模型共划分为 25 422 个单元，29 836 个节点。图 5.3(a)是三维模型的总图以及剖面图。

地表第四系取最小厚度 12 m，第三系隔水层取最小厚度 20 m，矿体倾角取37°，注浆帷幕厚度取 40 m。

从地下−100 m 位置开挖，开挖高度为 50 m。

计算模型内包括四个矿房，每个矿房每分段内包含两个点柱，两个矿房之间包含一个间柱，具体见图 5.3(b)。

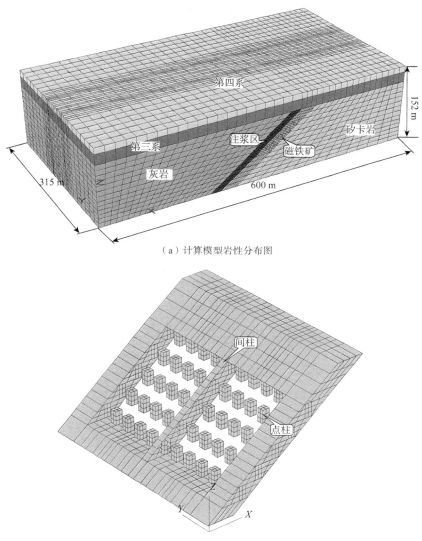

（a）计算模型岩性分布图

（b）矿体开采最终状态图（填充区域未显示）

图5.3　矿房模型

5.2.4　力学参数及地应力场

（1）力学参数

现场取样和岩石力学试验结果显示,岩石在不同围压条件下,具有明显的弹塑性变形特征。本计算采用莫尔-库仑屈服准则(图5.4)。考虑到尺度效应,对岩石试验参数进行适当折减,计算采用的岩体力学参数见表5.1。

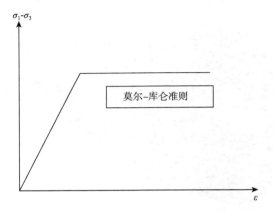

图5.4 岩石力学特性

表5.1 岩石力学参数

名称	密度 d （kg/m³）	弹性模量 E （MPa）	泊松比 ν	内聚力 C （MPa）	内摩擦角 φ （°）	渗透率 k
第四系	2 000	300	0.30	0.150	22.0	1.96×10^{-4}
第三系	2 300	3 780	0.26	0.025	27.0	1.64×10^{-8}
灰岩	2 700	10 000	0.22	0.300	30.0	8.11×10^{-6}
磁铁矿	3 740	11 300	0.24	0.300	37.8	0
矽卡岩	2 800	14 200	0.18	1.200	25.0	2.35×10^{-8}
注浆体	2 760	11 000	0.20	0.350	32.0	$1.22 \times 10^{-10[91]}$
填充体	2 000	196	0.33	0.500	35.0	0

（2）地应力场

本节根据现场地应力测试结果构建研究区内的地应力场。实测结果显示,最大水平主应力、最小水平主应力和垂直主应力随深度变化规律为:

最大水平主应力:

$$\sigma_1 = 1.3\gamma H \quad (\text{MPa}) \tag{5.21}$$

式中,H 为测点埋深,m(以下同),最大水平主应力平均方向为24°。

最小水平主应力:

$$\sigma_3 = 0.47\gamma H \quad (\text{MPa}) \tag{5.22}$$

垂直主应力:

$$\sigma_v = \gamma H \quad (\text{MPa}) \tag{5.23}$$

5.3 矿房开采步序模拟

岩石力学研究的一个重要成果是：岩体力学行为除与本身的物理力学性质有关外，与载荷状态和加载历史有直接的关系。事实上，岩体现时力学行为是整个开采历史过程中的一个过渡状态，它既是对过去不同开采时期岩体状况叠加后的综合反映，也将对未来开采过程和结果产生影响。欲从现在研究将来出现的状况，应系统模拟整个开采历史和开采过程。模拟过程如下：

（1）形成原始应力场。

（2）顶板注浆，注浆厚度 40 m。

（3）铁矿开挖，先开采第一、二矿房，矿房之间不同分段采用跳采模式，即开采第一矿房第一分段之后开采第二矿房第一分段，采用间隔采矿，即隔一采一。第一、二矿房开采五分段后进行第三、四矿房的开采，同样采用跳采模式，开采五个分段。每个分段内分三层自下而上进行回采。具体开挖步骤见图 5.5（矿房填充区域未显示，后同）。

FLAC³ᴰ开采模拟步骤简化为：1、2、3、4 矿房第一分段分别用 1df11、1df21、1df31、1df41 整体表示，1、2、3、4 矿房第二分段分别为 2df12、2df22、2df32、2df42，1、2、3、4 矿房第三分段分别为 3df13、3df23、3df33、3df43，1、2、3、4 矿房第四分段分别为 4df14、4df24、4df34、4df44，1、2、3、4 矿房第五分段分别为 5df15、5df25、5df35、5df45。

矿房从左到右依次为第一矿房、第二矿房、第三矿房、第四矿房，每个矿房的点柱右侧命名为点柱 1，左侧命名为点柱 2。

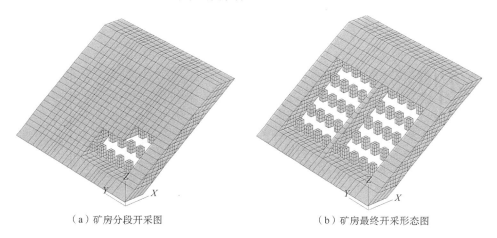

（a）矿房分段开采图 　　　　　　（b）矿房最终开采形态图

图 5.5 矿房开采图

5.4 开采模拟结果及分析

5.4.1 堵水隔障带覆岩应力特征

(1)最大主应力状态分析

图 5.6 给出了 1df11 开采后的隔障带内(即矿体围岩)最大主应力分布图,可以看出,最大的主应力的分布基本服从由上到下逐渐增加的变化趋势,模型底部最大主应力达到极值,为 5.42 MPa。

图 5.6　1df11 开采后隔障带内最大主应力图

图 5.7—图 5.9 给出了矿房剖面最大主应力图,从图中可以看出,受到开采扰动的影响,矿房内部应力卸载,形成应力降低区。矿房围岩有应力集中现象,最大主应力极值为 3.814 MPa。

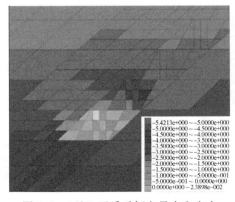

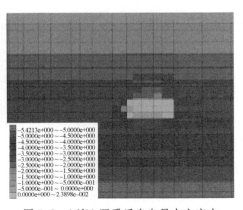

图 5.7　1df11 开采后倾向最大主应力　　　图 5.8　1df11 开采后走向最大主应力

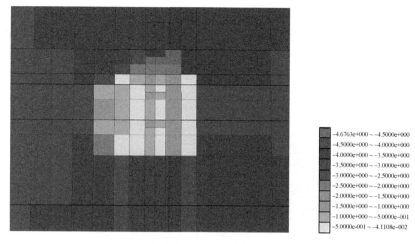

	$-4.6763\mathrm{e}{+000} \sim -4.5000\mathrm{e}{+000}$
	$-4.5000\mathrm{e}{+000} \sim -4.0000\mathrm{e}{+000}$
	$-4.0000\mathrm{e}{+000} \sim -3.5000\mathrm{e}{+000}$
	$-3.5000\mathrm{e}{+000} \sim -3.0000\mathrm{e}{+000}$
	$-3.0000\mathrm{e}{+000} \sim -2.5000\mathrm{e}{+000}$
	$-2.5000\mathrm{e}{+000} \sim -2.0000\mathrm{e}{+000}$
	$-2.0000\mathrm{e}{+000} \sim -1.5000\mathrm{e}{+000}$
	$-1.5000\mathrm{e}{+000} \sim -1.0000\mathrm{e}{+000}$
	$-1.0000\mathrm{e}{+000} \sim -5.0000\mathrm{e}{-001}$
	$-5.0000\mathrm{e}{-001} \sim -4.1108\mathrm{e}{-002}$

（a）开采后水平剖面矿房围岩最大主应力图

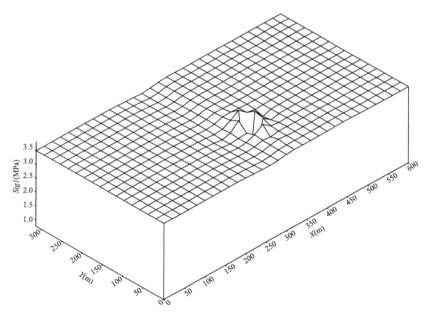

（b）1df11开采后水平剖面矿房围岩最大主应力等值线图

图 5.9 开采后水平剖面图

图 5.10 给出了 5df25 开采后围岩的最大主应力分布图，即第一、二矿房五个分段开采后的最大主应力分布图。随着矿房开采分段的增加，最大的主应力的分布状态基本没有发生变化，仍然服从由上到下逐渐增加的变化趋势，最大主应力极值出现在模型底部，为 5.51 MPa，略微有所增加。

图 5.11 至图 5.15 表示了不同矿房的开采情况变化,随着矿房开采分段的增加,矿房围岩应力卸载区域逐渐增加,受到开采扰动的影响,矿房周边铁矿依旧存在应力集中现象,在 5df25 开采后围岩最大主应力极值为 2.536 MPa,降低了 1.278 MPa。

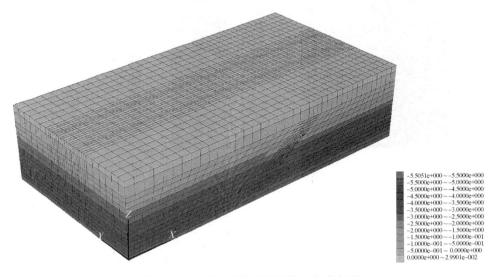

图 5.10　5df25 开采后围岩最大主应力图

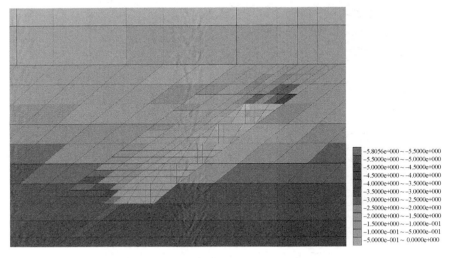

图 5.11　5df25 开采后沿倾向剖面围岩最大主应力图

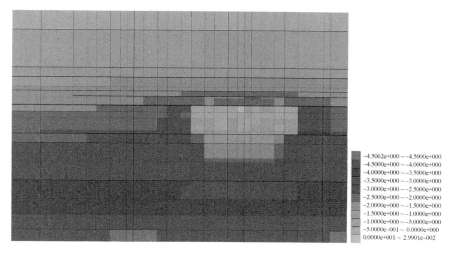

图 5.12　1df11 开采后沿走向剖面围岩最大主应力图

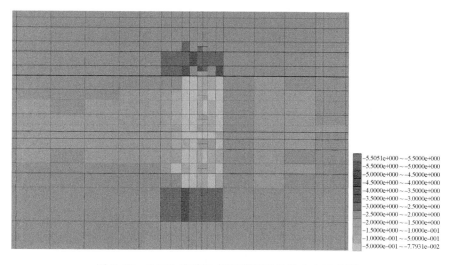

图 5.13　5df25 开采后水平剖面围岩最大主应力图

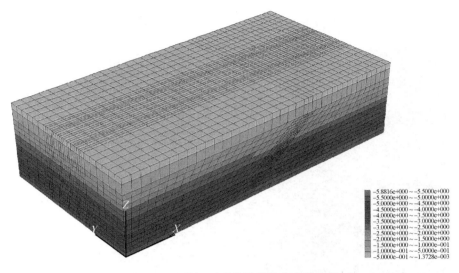

图 5.14   5df45 开采后围岩最大主应力图

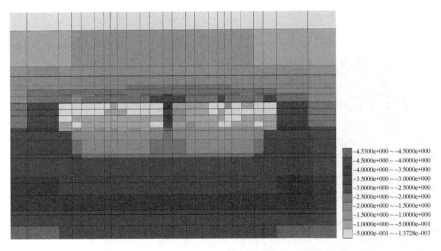

图 5.15   5df45 开采后沿走向剖面围岩最大主应力图

图 5.16 给出了 5df45 开采后围岩的最大主应力,即四个矿房的五个分段开采后的最大主应力分布图。随着矿房开采范围的增加,最大的主应力的分布状态基本没有发生变化,仍然服从由上到下逐渐增加的变化趋势,最大主应力在模型底部达到极值,为 5.882 MPa,略微有所增加。

随着矿房开采范围的增加,矿房围岩应力卸载区域逐渐增加,且和第一、二矿房已形成应力降低区相沟通。受到开采扰动的影响,矿房周边铁矿依旧存在应力集中现象,在 5df25 开采后围岩最大主应力极值为 2.8 MPa,出现在间柱内。

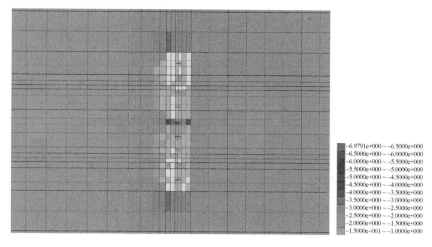

图 5.16　5df45 开采后水平剖面矿房围岩最大主应力图

（2）破坏损伤状态分析

图 5.17 给出了矿房开采过程中围岩破坏场的整体分布图，在四个矿房的开采过程中矿体上覆岩层的破坏不会延至地表，不会出现地表沉降现象。受到矿房开采扰动的影响，注浆帷幕区顶板主要沿矿体倾向发生剪切破坏。

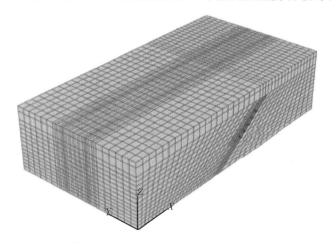

图 5.17　1df11 开采后围岩破坏场图

图 5.18 给出了第一、二矿房开采过程中的破坏场剖面图，从图中可以看到在第一分段开采结束后中，注浆帷幕堵水隔障带即矿体顶板均出现 5 m 的破坏损伤高度，矿房不会受到帷幕外围水患的影响。当第一、二矿房开采到第二分段时，注浆帷幕堵水隔障带即矿体顶板的破坏损伤范围为 20 m 高度，处于注浆帷幕控制范围（计算中选取注浆高度 40 m），矿房不会受到帷幕外围含水层的影响。

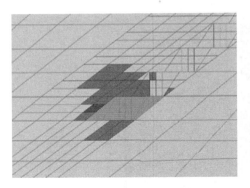

图 5.18(a)　1df11 开采后沿倾向
第一矿房中部围岩破坏场图

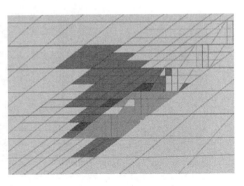

图 5.18(b)　2df12 开采后沿倾向
第一矿房中部围岩破坏场图

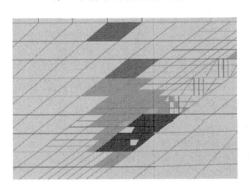

图 5.18(c)　2cf22 开采后沿倾向
第一、二矿房围岩破坏场图

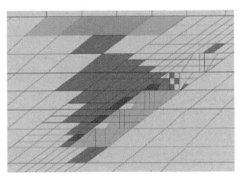

图 5.18(d)　3cf13 开采后沿倾向
第一矿房围岩破坏场图

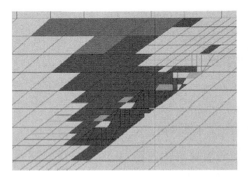

图 5.18(e)　3df23 开采后沿倾向
第一、二矿房中部围岩破坏场图

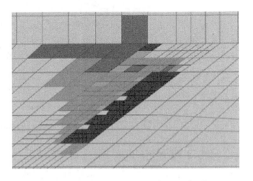

图 5.18(f)　5df25 开采后沿倾向
第一、二矿房中部围岩破坏场图

随着第一、二矿房分段开采的增加,矿房顶板的破坏高度继续增加,当第二矿房第三分段开采结束后,帷幕隔障带的破坏损伤高度增加到 30 m,未超出注浆帷幕厚度。在后续的开采过程中,顶板的破坏高度缓慢增加,破坏范围沿矿体倾向逐渐增加。

图 5.19 给出了第三、四矿房开采过程中的破坏场剖面图,总体来看,第三矿房不但受到自身开采的影响,由于临近第一、二矿房,还要受到第一、二矿房采空区的影响,主要表现为第三系隔水层下方顶板破坏范围先于第四矿房一个分段出现。从图中可以看出第三、四矿房第一分段开采结束后,第三矿房顶板出现5 m的破坏高度,但处于注浆控制范围内,矿房不会受到水患的影响。

图 5.19(h)给出了四个矿房五分段开采结束后的渗流矢量场图。从图中看出,随着顶板破坏高度的增加,破坏范围未超出注浆厚度,矿体开采只会受到地下水渗流的影响,不会出现大的裂隙导水通道,可以保障矿房的安全生产。

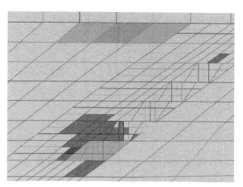

图 5.19(a) 1df31 开采后沿倾向
第三矿房中部围岩破坏场图

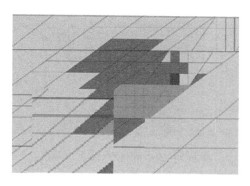

图 5.19(b) 1df41 开采后沿倾向
第三矿房中部围岩破坏场图

图 5.19(c) 2df42 开采后沿倾向
第三、四矿房中部围岩破坏场图

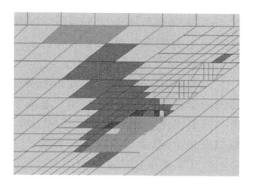

图 5.19(d) 2df42 开采后沿倾向
第三、四矿房中部围岩破坏场图

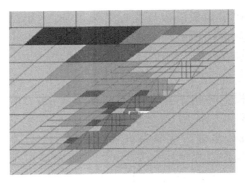

图 5.19(e)　3df33 开采后沿倾向
第三矿房中部围岩破坏场

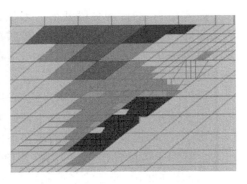

图 5.19(f)　3df43 开采后沿倾向
第三、四矿房中部围岩破坏场图

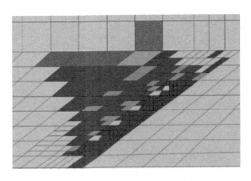

图 5.19(g)　3df33 开采后沿倾向
第三矿房中部围岩破坏场图

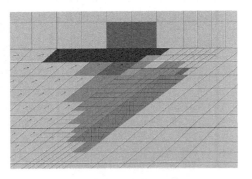

图 5.19(h)　5df45 开采后沿倾向
第三、四矿房中部围岩破坏场及渗流矢量场

当开采到第二分段时,第三矿房顶板的破坏高度增加到 20 m,第四矿房顶板破坏高度增加到 20 m,未超出注浆控制范围(计算中选取注浆高度 40 m),矿房生产不会受到顶板含水层的影响。第三系隔水层下方顶板靠近第三矿房一侧的破坏范围增加,第三系隔水层下方顶板靠近第四矿房的一侧开始出现破坏。

随着第三、四矿房分段开采的增加,顶板的破坏高度保持在 38 m 不变,破坏范围沿矿体倾向逐渐增加,第三系隔水层下方的顶板基本上没有破坏特征。

需要指出,在第三、四矿房第五分段开采结束后,第三系隔水层出现了微小裂隙破坏范围,需要及时进行充填,防止微裂隙的发展对矿房生产造成威胁。表 5.2 给出了逐步开采过程中注浆帷幕区的破坏范围。

表 5.2　顶板破坏范围统计表

开挖阶段	注浆帷幕破坏高度(m)	开挖阶段	注浆帷幕破坏高度(m)
1df11	5	3df33	20
1df21	5	3df43	30
1df31	5	4df14	38
1df41	5	4df24	38
2df12	10	4df34	38
2df22	20	4df44	38
2df32	10	5df15	38
2df42	20	5df25	38
3df13	20	5df35	38
3df23	30	5df45	38

5.4.2　堵水隔障带覆岩变形特征

从图 5.20 位移矢量场的分布可以看出,围岩的位移方向主要指向采场,由于采用点柱上向水平分层充填采矿法,铁矿开采后立刻回填,围岩产生的位移量较小,最大值为 1.8 cm。

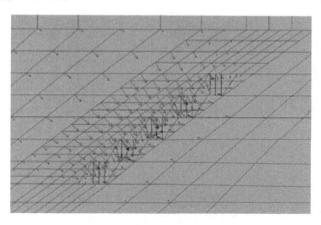

图 5.20　5df45 开采后围岩位移矢量场图

根据图 5.21 和图 5.22 可以看出,围岩垂直位移以及 X 方向水平位移最大值均出现在矿房周边围岩内,随着矿房开采分段的增加,围岩位移量有所增加,但变化幅度较小,围岩 Y 方向水平位移量很小,可以忽略不计。

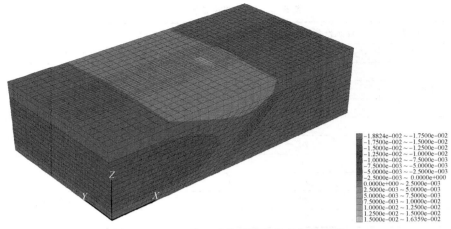

	-1.8824e-002 ~ -1.7500e-002
	-1.7500e-002 ~ -1.5000e-002
	-1.5000e-002 ~ -1.2500e-002
	-1.2500e-002 ~ -1.0000e-002
	-1.0000e-002 ~ -7.5000e-003
	-7.5000e-003 ~ -5.0000e-003
	-5.0000e-003 ~ -2.5000e-003
	-2.5000e-003 ~ 0.0000e+000
	0.0000e+000 ~ 2.5000e-003
	2.5000e-003 ~ 5.0000e-003
	5.0000e-003 ~ 7.5000e-003
	7.5000e-003 ~ 1.0000e-002
	1.0000e-002 ~ 1.2500e-002
	1.2500e-002 ~ 1.5000e-002
	1.5000e-002 ~ 1.6359e-002

图 5.21(a)　5df45 开采后围岩垂直位移场图

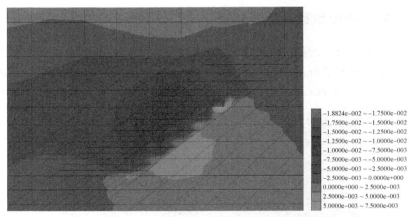

	-1.8824e-002 ~ -1.7500e-002
	-1.7500e-002 ~ -1.5000e-002
	-1.5000e-002 ~ -1.2500e-002
	-1.2500e-002 ~ -1.0000e-002
	-1.0000e-002 ~ -7.5000e-003
	-7.5000e-003 ~ -5.0000e-003
	-5.0000e-003 ~ -2.5000e-003
	-2.5000e-003 ~ 0.0000e+000
	0.0000e+000 ~ 2.5000e-003
	2.5000e-003 ~ 5.0000e-003
	5.0000e-003 ~ 7.5000e-003

图 5.21(b)　5df45 开采后沿倾向第一、二矿房中部剖面围岩垂直位移场图

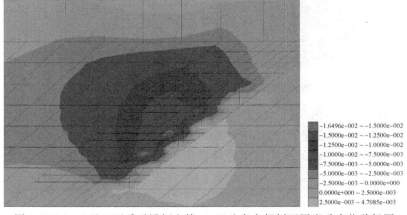

	-1.6496e-002 ~ -1.5000e-002
	-1.5000e-002 ~ -1.2500e-002
	-1.2500e-002 ~ -1.0000e-002
	-1.0000e-002 ~ -7.5000e-003
	-7.5000e-003 ~ -5.0000e-003
	-5.0000e-003 ~ -2.5000e-003
	-2.5000e-003 ~ 0.0000e+000
	0.0000e+000 ~ 2.5000e-003
	2.5000e-003 ~ 4.7085e-003

图 5.21(c)　5df45 开采后沿倾向第三、四矿房中部剖面围岩垂直位移场图

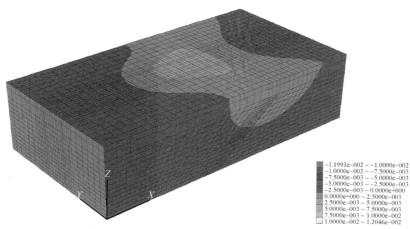

图 5.22 5df45 开采后围岩 X 方向水平位移场图

5.4.3 点柱稳定性分析

(1)第一、二矿房开采阶段

图 5.23 给出了第一、二矿房跳采结束后点柱的最大主应力分布图。从图中可以看出,点柱内应力最大值为 4.25 MPa,点柱位置原岩应力最大值为 2.9 MPa,点柱内应力集中系数最小为 1.47,说明点柱对于支撑上部矿体起到了一定的作用。

图 5.24 给出了点柱的破坏场分布图。从图中可以看出受到矿房开采扰动的影响,点柱全部进入塑性状态,破坏性质为沿矿层倾向的拉剪复合破坏。

点柱的垂直位移最大值为 1.17 cm,出现在点柱中上部(图 5.25),而点柱 X 方向水平位移最大值为 1.06 cm,出现在点柱中下部(图 5.26)。

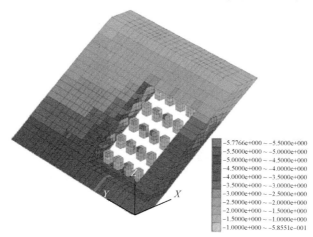

图 5.23 5df25 开采后点柱最大主应力分布图

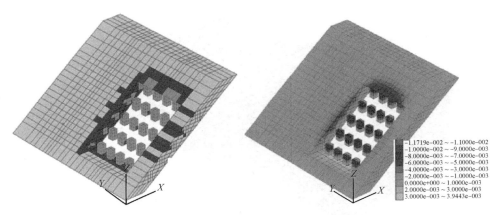

图 5.24 5df25 开采后点柱破坏场分布图   图 5.25 5df25 开采后点柱垂直位移场分布图

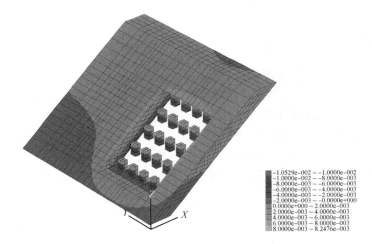

图 5.26 5df25 开采后点柱 X 方向位移场分布图

（2）第三、四矿房开采阶段

图 5.27 给出了四个矿房全部开挖后点柱的最大主应力分布图。从图中可以看出，点柱内最大主应力有所降低，最大值为 4 MPa，点柱位置原岩应力最大值为 2.9 MPa，点柱应力集中系数最小为 1.38，说明随着开挖空间的加大，点柱对上部矿体的支撑作用有所减弱。

图 5.28 给出了点柱的破坏场分布图。从图中可以看出受到矿房开采扰动的影响，点柱全部进入塑性状态，破坏性质为拉剪复合破坏。

图 5.29 点柱垂直位移以及图 5.30 点柱 X 方向水平位移场的分布趋势基本没有发生变化，点柱的最大垂直位移依旧出现在点柱中上部，最大值有所增加，为 1.54 cm，点柱 X 方向水平位移最大值依旧出现在点柱的中下部，最大值为 1.2 cm。

由于采用点柱上向水平分层充填采矿法，矿房大范围的开采不会加剧点柱位移量的变化。

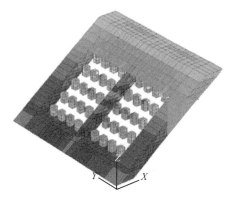 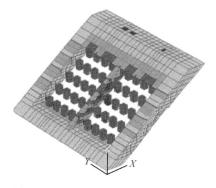

图 5.27 5df45 开采后点柱最大主应力分布　　　图 5.28 5df45 开采后点柱破坏场分布

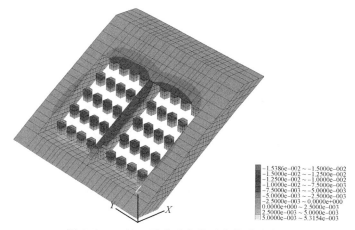

图 5.29 5df45 开采后点柱垂直位移分布图

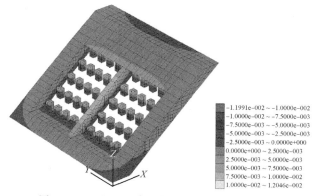

图 5.30 5df45 开采后点柱 X 方向位移分布图

5.4.4 间柱稳定性分析

(1)第一、二矿房开采阶段

图 5.31 和图 5.32 给出了第一、二矿房跳采结束后间柱的最大主应力分布图。从图中可以看出,间柱内有应力集中现象,出现在间柱下方,应力最大值为 5.78 MPa,集中系数为 1.99,大于点柱内应力集中系数,说明间柱的支撑作用要强于点柱,对支撑上部矿体以及维护矿房稳定起到了关键作用。

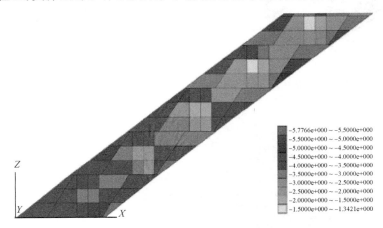

图 5.31　5df25 开采后间柱最大主应力分布

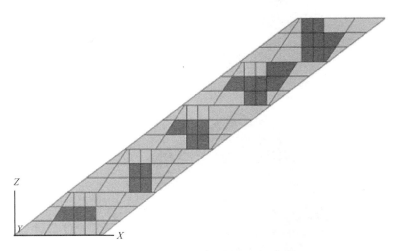

图 5.32　5df25 开采后间柱破坏分布

图 5.33 给出了间柱的破坏场分布图。从图中可以看出,受到矿房开采扰动的影响,间柱部分进入塑性状态,破坏区未贯通,破坏性质为沿矿层倾向的拉剪复合破坏。

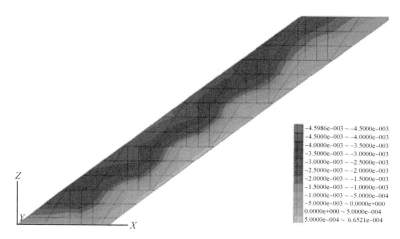

图 5.33　5df25 开采后各间柱 Z 方向位移场图

从间柱的垂直位移分布图可以看出,间柱的最大垂直位移主要发生在间柱上盘一侧,最大值为 4.6 mm,而图 5.34 间柱 X 方向水平位移最大值出现在间柱下盘一侧,最大值为 3.18 mm,图 5.35 间柱 Y 方向水平位移最大值出现在矿房分段标高对应的间柱中心位置,最大值为 9.55 mm,说明间柱主要承受了来自于顶板和底板的挤压运动,对于支撑顶板、维护矿房稳定起到了很好的作用。

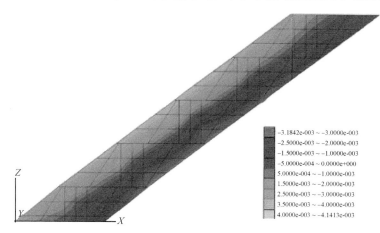

图 5.34　5df25 开采后间柱 X 方向位移场图

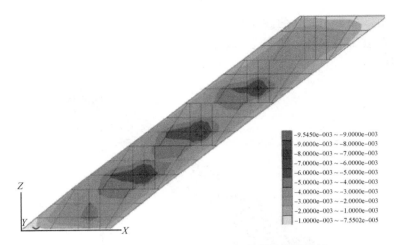

图 5.35　5df25 开采后间柱 Y 方向位移场分布图

（2）第三、四矿房开采阶段

图 5.36 给出了第三、四矿房跳采结束后间柱的最大主应力分布图。从图中可以看出，间柱内有应力集中现象，出现在间柱下方，应力最大值为 7.28 MPa，应力集中系数为 2.51，间柱内应力集中系数增加，说明间柱对维护矿房稳定起到了关键作用。

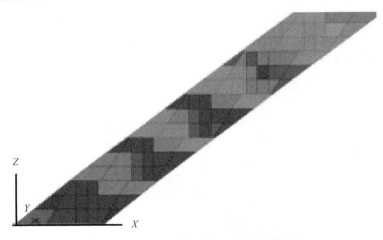

图 5.36　5df45 采后间柱最大主应力分布

图 5.37 给出了间柱的破坏场分布图。从图中可以看出受到矿房开采扰动的影响，间柱的破坏范围明显增加，且破坏区相贯通，间柱的稳定性有所减弱，间柱破坏性质为沿矿层倾向的拉剪复合破坏。

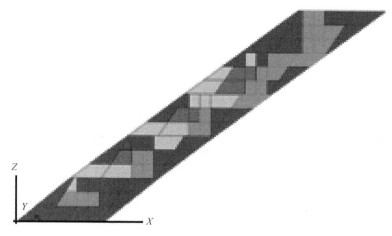

图 5.37　5df45 开采后间柱破坏场分布

从图 5.38 间柱的垂直位移场分布图可以看出,位移的分布趋势基本没有发生变化。图 5.39 至图 5.41 显示间柱在不同方向上的位移变化。间柱的最大垂直位移仍然发生在间柱上盘一侧,最大值为 1.01 cm,增加了5.5 mm。间柱 X 方向水平位移最大值仍然出现在间柱下盘一侧,最大值为 5.99 mm,增加了 2.81 mm。Y 方向水平位移最大值出现在矿房分段标高对应的间柱中心位置,数值基本没有发生变化。

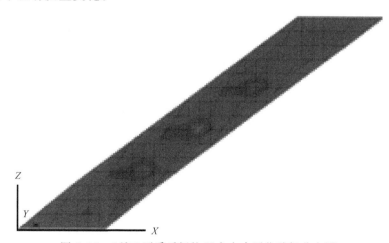

图 5.38　5df45 开采后间柱 Y 方向水平位移场分布图

从间柱的位移量可以看出,随着矿房开采区域的增加,间柱顶板的垂直位移和 X 方向水平位移均保持逐渐增加的变化趋势,Y 方向水平位移量变化不大。在第三、四矿房开采结束后,间柱由承受顶板和底板的挤压运动转化为垂直向下运动为主,间柱对上部矿体的支撑作用成为关键。

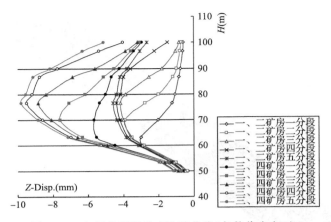

图 5.39 各间柱顶板垂直位移曲线（负数代表向下）

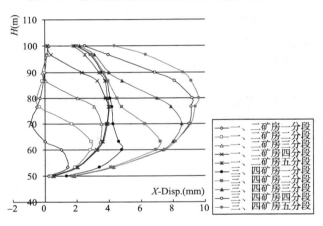

图 5.40 各间柱顶板 X 方向水平位移曲线

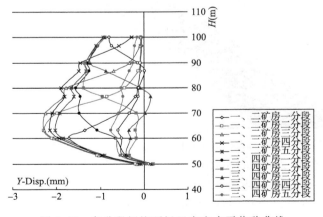

图 5.41 各分段间柱顶板 Y 方向水平位移曲线

5.5 小结

本章运用三维有限差分非线性流-固耦合数值模拟计算方法,系统地分析和研究了铁矿开采过程中注浆帷幕堵水隔障带(即矿体顶板围岩)、点柱以及间柱内应力场的分布、隔障带损伤破坏场的发展、位移场的变化,得出以下结论:

(1)围岩受到开采扰动的影响形成应力降低区,且随着开采范围的增加应力降低区的范围逐渐扩张。

(2)受到开采扰动的影响,注浆帷幕隔障带即矿体顶板主要沿矿体倾向发生剪切破坏。四个矿房均在第二分段开采结束后,注浆帷幕隔障带的破坏高度为20 m左右,没有超出注浆高度厚度40 m的范围,矿房不会受到隔障带以上含水层的影响。

(3)随着矿房逐步向上开采,注浆帷幕区顶板破坏高度也随之增加,当四个矿房的五个分段都开采结束后,注浆帷幕隔障带的破坏范围达到38 m的高度,但仍未超出40 m的注浆厚度,没有出现大的裂隙导水通道将外围水导入到帷幕区内。地下水只是以渗流的方式运动,注浆灰岩的隔水性能够是稳定的,能有效保障矿山的安全高效生产。

(4)点柱内有应力集中现象出现,对支撑上部矿体起到了一定的作用。随着矿房开采空间的增加,点柱内应力集中系数逐渐减小,点柱对上部矿体的支撑作用逐渐减弱。受到矿房开采扰动的影响,点柱全部进入塑性状态,破坏性质为沿矿层倾向的拉剪复合破坏。

(5)点柱内最大垂直位移为1.17 cm,出现在点柱中上部,X方向最大水平位移为1.06 cm,出现在点柱中下部。由于采用点柱上向水平分层充填采矿法,矿房大范围的开采不会加剧点柱位移量的变化。

(6)间柱内应力集中现象出现在间柱下方。随着开采空间的增加,间柱内应力系数逐渐增加,且大于点柱内应力集中系数,说明间柱的支撑作用要强于点柱,对支撑上部矿体以及维护矿房稳定起到了关键作用。

(7)受到矿房开采扰动的影响,间柱部分进入塑性状态,破坏性质为沿矿层倾向的拉剪复合破坏。随着开采空间的增加,间柱的破坏范围明显增加,且破坏区逐渐贯通,间柱的稳定性有所减弱。

(8)在第一、二矿房开采结束后,间柱的最大垂直位移为4.6 mm,出现在间柱的上山方向一侧,间柱X方向水平位移最大值为3.18 mm,出现在间柱下山方向一侧,间柱Y方向水平位移最大值为9.55 mm,出现在矿房分段标高对应的间柱中心位置,说明间柱主要承受了来自于隔障带顶板和底板的挤压运动。第三、四矿房开采结束后,位移的分布趋势基本没有发生变化。间柱的最大垂直位移增加到 1.01 cm，X 方向水平位移增加到 5.99 mm，Y 方向水平位移没有发生变化。从间柱的位移量可以看出，在第三、四矿房开采结束后，间柱由承受隔障带顶板和底板的挤压运动转化为垂直向下运动为主，间柱对支撑上部矿体和维护矿房稳定起到关键的作用。

第6章 堵水隔障带稳定性监测系统研究

井下近矿体顶板帷幕注浆堵水技术消除了地下涌水对大水矿床开采构成的威胁,解放了大量的矿石资源。然而由于井下幕内外水压差、爆破震动等因素的影响,帷幕注浆堵水隔障带的稳定性又直接关系到矿山的安全和生存,其失稳轻则造成局部堵水效果下降,重则可造成帷幕堵水功能失效,直接导致矿山重大突水事故,致使矿井停产或报废。因此,近年来注浆堵水帷幕的稳定性受到矿山企业和科研人员的极大重视,对它的稳定性监测及监测方法的研究也从未间断过。

6.1 帷幕注浆堵水隔障带现有监测方法

传统的注浆堵水帷幕稳定性监测方法主要有水文观测孔水位、水温监测方法,井下水压、水温、水量监测方法,工业 CT 探测方法,近年来微震监测方法也用于帷幕稳定性的监测[28,158]。

(1)水文观测孔水位、水温监测方法

在矿山注浆堵水帷幕施工中,通过对矿床水文地质条件的调查分析,依据工程揭露的地质现状和注浆过程反映的地质条件,有针对性地在帷幕内、外分别布置施工多对水文观测孔,帷幕内的观测孔还可借助井下开采工程布置在井下。通过这些水文观测孔,定期采集帷幕区域的水位、水温等数据,并进行帷幕内外的水位、水温比较分析,长期趋势分析等。通过对数据的分析,了解帷幕的堵水效果及其变化规律,从而达到监测注浆堵水帷幕稳定性的目的。

(2)井下水压、水温、水量监测方法

矿山注浆堵水帷幕形成后,矿山井下为了疏干剩余涌水,保证矿井安全生产,井下需施工一系列疏干硐室和疏干钻孔以及部分水文观测孔。利用这些工程,定期采集井下涌水量、水压和水温等数据,并对这些数据进行对比分析和趋势分析,来查明不同区域的水量、水压、水温的变化情况。同时,还可根据监测的需要进行有针对性的放水试验,分析不同疏干水量状态下的水压、水温、降深变化等情况。通过大量测水数据的分析,判断注浆堵水帷幕稳定性的变化情况,制定相应的应对措施,从而达到监测帷幕稳定性的目的。

（3）工业 CT 探测方法

随着电磁技术的不断发展，以超声波探测为核心技术的工业 CT 探测方法逐步应用于帷幕注浆堵水的施工过程和帷幕形成后堵水效果的监测。利用工业 CT 的透视作用，可以查清帷幕区域内的导水构造、岩溶发育程度及注浆效果，配合钻探工程可以查明帷幕的薄弱环节等。通过分析不同时期的工业 CT 探测数据，配合井下水量、水压的测量分析，可达到对注浆堵水帷幕稳定性的监测目的。

工业 CT 探测技术较之前的两种方法更加直观、有针对性，得到的数据亦更加有效。

（4）微震监测

随着地球物理理论及地震学的发展，微震（MS）技术作为矿井动力灾害的监测手段，逐步被国内外矿山重视起来。微震监测是利用事件率和频率等的变化反映岩体变形和破坏过程；振幅分布与能率大小，则主要反映岩体变形和破坏范围来监测岩体的稳定性[159]。我国张马屯铁矿通过从加拿大 ESG 公司引进一套具有世界先进技术水平的矿山微震监测系统，对注浆帷幕的稳定性进行监测，取得了良好的效果。

（5）现有帷幕稳定性监测方法评价

传统的帷幕稳定性监测方法是目前多数地下矿山采取的行之有效的帷幕稳定性监测方法，对帷幕的稳定性起到了积极的监测作用，有效地保证了矿井生产的安全顺行，但也存在着明显的不足。

①不能进行 24 h 实时监测和分析。前三种监测方法基本上是采取人工定点、定时监测，监测数据反映测点的瞬时情况，不能反映内在的变化关系。同时其监测数据受人员、环境、仪器等的影响较大。

②无法进行事前预防性的监测。监测数据反映帷幕的即时堵水效果及随时间的变化情况，属事后数据；数据无法反映帷幕的变化过程和内部的时空演化规律，不能在帷幕失效之前提供预警，使矿山采取行之有效的预防和整改措施。

③不能准确定位评价帷幕的稳定性。监测数据反映整个帷幕或某一特定区域帷幕的状态及有效性，是一个外观整体性的稳定监测与评价，数据不能反映帷幕三维空间上的点、段或特定区域的堵水效果变化情况。

④微震监测从原理上能克服上述三种传统监测方法的缺点，具有 24 h 实时监测、量化与定位监测和自动分析与报警的功能。然而矿山的实际使用表明，我国微震监测目前存在诸多问题，例如，一是微震系统多从国外进口，价格昂贵；二是机械结构多，电子式存在信号漂移，测量事件分析不准确；三是多通道微震系统自身的准确性存在问题，常常有通道出现故障，不能将事件及时传出。

第 5 章的研究表明，注浆堵水帷幕的失稳破坏，必然是由于开采活动及水力差异引起应力场扰动所引发的帷幕内部岩石微裂隙萌生、发展、贯通等岩石破裂失稳的结果。也就是说，帷幕失稳突水前，帷幕内的岩石必然有微裂隙发生与发展的时空演化。因而根据注浆帷幕在开采扰动影响下失稳发生的应力–应变、位移变化关系，有必要研制一种综合、多参数实时在线监测系统。

6.2 光纤岩移监测系统研制

6.2.1 光纤传感技术基本原理

光纤传感技术是自 20 世纪 70 年代伴随着光纤通信发展起来的一门多学科交叉技术。近年来研究和应用的发展都比较迅速，目前已经研制出了多种基于光纤的传感器，可以用来测量温度、压力、应变、振动等物理量[160-162]。光纤传感器与常规的电子类传感器相比有许多独特之处，最大的优点就是可以采用一套系统实现应变、位移和振动等多种参数的同时测量，以光波长作为长度测量单位，长度测量精度可接近纳米量级。因此，以光纤为基础的振动、应变和温度等传感器的监测灵敏度可以达到和超过传统的电子器件。

光纤中的光散射包括光纤中折射率变化引起的瑞利散射（Rayleigh scattering），由光学声子引起的喇曼散射（Raman scattering）和由声学声子引起的布里渊散射（Brillouin scattering）三种类型。由于瑞利散射是光与物质发生的非弹性散射，因而其波长不发生变化；而喇曼散射和布里渊散射是光与物质发生非弹性散射时所携带的信息，使入射光波长发生变化，如图 6.1 所示[163]。

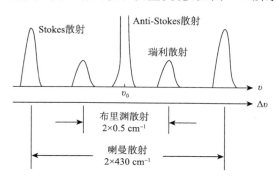

图 6.1 石英系（SiO₂）光纤中散射光谱

υ_0 为入射光的频率；$\Delta\upsilon$ 为散射频率变化值；υ 是散射光的频率

1989 年，Horiguohi 等人提出了光纤布里渊应变传感技术，其中，光纤的轴向应变与布里渊散射光频率的漂移量表达式为：

$$\upsilon_B(\varepsilon) = \upsilon_B(0) + \frac{\mathrm{d}\upsilon_B(\varepsilon)}{\mathrm{d}\varepsilon} \tag{6.1}$$

式中，$\upsilon_B(\varepsilon)$ 为光纤发生应变时布里渊散射光频率的漂移量；$\upsilon_B(0)$ 为光纤无应变时布里渊散射光频率的漂移量；$\frac{\mathrm{d}\upsilon_B(\varepsilon)}{\mathrm{d}\varepsilon}$ 为比例系数；ε 为光纤的轴向应变。

利用布里渊散射光的这一性质，布里渊光时域反射(BOTDR)分析仪可获得光纤最大的布里渊光强度值。根据式(6.1)将光纤中发生应变前后的布里渊散射光最大强度值所对应的频率漂移量换算出光纤的应变值，再通过计算布里渊散射光回到光源起始点的时间 t，由 $z = \upsilon_g t/2n$(其中，z 为沿光纤的距离；υ_g 为光纤应变值；t 为光在光纤中的往返时间；n 为在光纤中设置的监测点数量)可以得到沿光纤各点的变形量及距离。

用布里渊散射增益谱可以精确地测定光纤应变，例如，当布里渊频移的测试精度为 1 MHz 时，可测出的应变精度为 2×10^{-5}。如果采用光放大的方法，可使得沿光纤路径场的长达数十千米的连续分布传感测量成为可能。

6.2.2 光纤岩移监测系统研制

谷家台铁矿目前主要研制并安装了两套监测系统，三种传感器，一套矿压位移监测系统(包含顶板位移和锚杆矿压两种传感器，一种矿震传感器，一种爆震传感器)，共同组成光纤传感器网络动态监测系统，主要用于研究岩石位移、压力变化等与隔水帷幕稳定性的关系。研制的光纤传感器网络动态监测系统量程 $\pm$ 2000 $\mu\varepsilon$，灵敏度 1 $\mu\varepsilon$。

在借鉴传统研究技术基础上采用先进的光纤传感技术，组建由矿震、矿压、顶板离层、温度变化等多种参数光线光栅传感器组成的实时在线监测系统，为矿体顶板帷幕注浆隔障带的稳定性研究提供现场数据，进而为改善采空区充填工艺，建立灾害评价管理体系等提供技术支持。

光纤矿压传感器和顶板离层仪是应用于矿山压力测量的埋入式光纤应力和位移传感器。该传感器是一种由光纤光栅为敏感元件和机械形变体组合起来的传感器。将光纤光栅作为敏感元件黏贴在特殊形变体上，当形变体埋入矿岩中受到外力作用时，将产生应变和位移，光纤光栅则作为敏感元件将它们再转换成光波长的变化，从而实现对构成监测各种参数的应变式传感器。该传感器具有传输距离远，本质安全，不漂移，重复性和长期稳定性较好，易于集成系统，不受电磁干扰等一系列的优点，在工程中有着广泛的应用。该传感器内部装有高精度的温度传感器，不但可以对应变值进行温度修正，还可同时测量待测环境的温度值。

按工作原理振动传感器可分为强度型和波长型，强度型传感是通过传感器的光强随震动的变化检取震动信号,典型的有微弯型及熔融双锥型;波长型的工作原理是通过振动影响传感器的输出波长,典型的有光纤光栅型(FBG)和分布反馈光纤激光器型(DFB-FL)。波长型振动传感器具有灵敏度高、测量精确、易波分复用等优点,DFB-FL 型传感器目前已成为探测微弱水声信号的水听器系统最佳选择之一,然而 DFB-FL 型传感器制作技术复杂,很难实现低成本的系统。

光纤光栅振动传感器采用悬臂梁增敏技术提高传感器的灵敏度,并采取措施消除温度效应对传感器的影响。同时,进行信号的解调系统研究,设计基于匹配光栅技术的解调系统。

光纤微震监测采用光纤光栅作为传感器,利用窄线宽分布反馈激光器解调震动信号,精度高,动态范围大,可以实现矿山微震信号的实时测量、定位,并记录矿震信号的完全波形。通过分析研究,确定出每次震动的震动类型,判断出微震信号发生力源,能分析出矿井上覆岩层的断裂信息,为各种矿山的安全生产服务。

研究和治理矿震,基础和关键的问题是要尽可能精确掌握矿震的时间和空间分布以及通过地震波携带出的震源体信息。传统矿震监测系统大部分采用机械式电子器件,抗干扰、信号传输能力较差,需接电源,分布性较差,这也制约了矿震监测系统有效、广泛的推广应用。

目前我国矿震监测系统不完善、监测能力低、监测精度不高,显然不能满足矿震研究的基础需要,其研究成果也必然有所缺憾,是制约矿震研究和治理的"瓶颈"问题。本章提出了一种基于 FBG 技术的适用于地震波测量的波长型低频微震传感系统,测试了它对低频微震的响应,并将其应用于实际矿山微震监测中。

(1)矿井光纤微震传感器技术原理

光纤光栅微震传感器的基本设计思想是将地面的振动转化成光纤光栅的应变,这个应变会引起光栅中心反射波长的变化,通过波长解调系统可将波长变化转化成电压的变化,即可实现振动信号的传感。

通过分析可知,光纤光栅的应变所产生的中心反射波长的变化可由下式表示:

$$\Delta\lambda_B = k \cdot \varepsilon \tag{6.2}$$

其中,$\Delta\lambda_B$ 是应变引起的光纤光栅中心反射波长的变化;k 是光纤光栅中心波长随应变的变化率,在 1550 nm 处,约为 1.2 pm/$\mu\varepsilon$;ε 代表应变。

将传感光栅固定在悬臂梁上,梁的一端固定一重物以提高将振动加速度转化成光栅应变的灵敏度;参考光栅固定在离悬臂梁非常近的金属梁上,这样,两光栅处温度相同,可以有效消除温度对传感器的影响。传感器装配完成后,在壳中充满硅油以消除传感器本振的影响。微震传感器外壳和解调仪分别如图 6.2—图 6.4 所示。

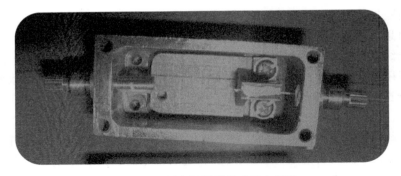

图 6.2　光纤光栅微震传感器内部照

图 6.3　光纤光栅微震传感器外观照

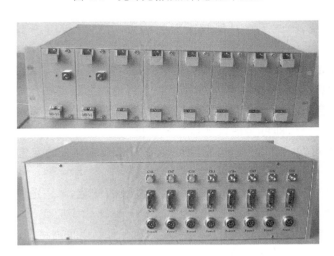

图 6.4　解调仪

（2）矿震系统设计系统的构成及工作原理

传感系统的构成如图 6.5 所示，由光源、环形器、耦合器、两个探测器、传感光栅、参考光栅以及数据处理部分组成。从光源发出的光进入环形器的 1 端，从 2 端输出至参考光栅，从参考光栅反射回来的光从 2 端再次进入环形器，从 3 端输出至耦合器的 2 端，从耦合器 2 端输入的信号光耦合至 3 端和 4 端，耦合到 3 端的光输入到探测器 2 作为参考，耦合到 4 端的光送到传感光栅，从传感光栅反射回来的信号光从耦合器 4 段输入耦合至 1 端，再输入到探测器 1 作为信号，探测器 1 和 2 分别将信号光、参考光转化成电压信号送入信号处理电路，信号处理电路将两路信号进行运算、滤波然后输出。

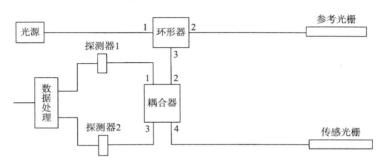

图 6.5　光纤光栅微震传感系统图

在光纤微震监测系统中，光源选择 Er3＋ASE，它的光谱范围 1520～1560 nm，根据光栅与传感光栅相匹配情况，本节选择中心反射波长为 1548.6 nm，3 dB 带宽为 0.2 nm。这样，没有振动时，探测器 1 的输入光强不变，当有振动时，振动通过悬臂梁转化成光栅的应变，从而传感光栅中心反射波长发生变化，传感光栅与参考光栅的中心反射波长错开，探测器 1 的输入光强发生变化，通过采集两探测器的输出，经过数据处理即可得到振动的波形。

实验室标定采用丹麦产 B&K4808 激振器对传感器施加振动信号，在不同的振动频率和加速度下记录传感系统的响应。图 6.6 画出了在振动加速度 1 m/s^2 时，传感器对 8 Hz 和 80 Hz 的响应，上边的曲线是 80 Hz 响应，下面的曲线是 8 Hz 时的响应。从图可看出，传感器对 8 Hz 与 80 Hz 信号有良好的响应，响应较平坦。

为了测试传感系统对微弱振动信号的响应，在 10 Hz 频率下将振动加速度降至 0.05 m/s^2，图 6.7 显示了传感器的响应。从图 6.7 可以看出，传感器在 0.05 m/s^2 的微小加速度下仍然有较好的响应。通过对图 6.6、图 6.7 比较，可以看出，振动加速度降到了原来的 1/20，信号输出也大约降到了原来的 1/20，表明传感系统对振动幅度的响应有良好的线性度。图 6.8 和图 6.9 表示传感器在不同条件下的输出波形。

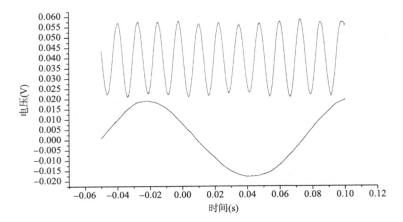

图 6.6　8 Hz、80 Hz,1 m/s² 条件下的传感器响应

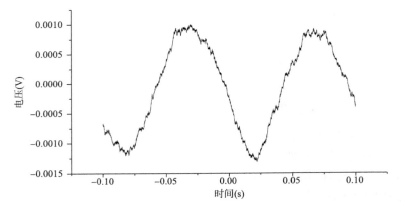

图 6.7　10 Hz,0.05 m/s² 时传感器的响应

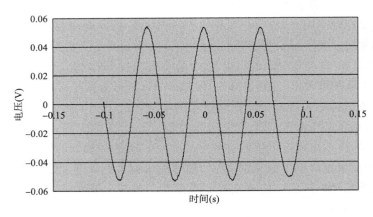

图 6.8　18 Hz,1 m/s² 下波形

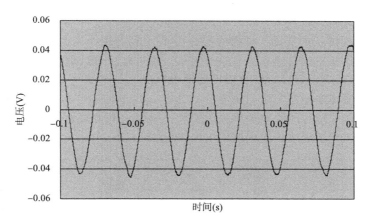

图 6.9　30 Hz,1 m/s² 时的波形

主要技术指标见表 6.1。

表 6.1　光纤岩移监测系统技术指标

	项目	单位	参数值		项目	单位	参数值
	最小分辨率	mm	0.1	检	供电电压	V	AC220
	频率响应	Hz	5~300	测	信号输出	V	±10
	动态范围	dB	1~80	仪	机箱尺寸	—	3U
检	定位精度	m	±10		灵敏度	pm/mg	0.1
测	测量距离	km	10	传	最大承受力	g	10
仪	通道数	—	1~16	感	外型尺寸	mm	51×24×28
	温度范围	℃	−20~50	器	谐振频率	Hz	560
	输出接口		USB/RS232		输出光缆	—	铠装
	光缆接口		FC/APC				

本节采用先进的光纤传感器技术对采空区应力、应变和微震信号三个参量实施在线监测[163-164]。

将应力传感器安装在采空区顶部或四壁,测量顶部或四壁的岩石应力;将微震传感器安装在采空区四周监测采空区动态变化;将位移传感器安装在顶部,监测顶板的沉降。最后通过光缆将所有这些传感器的监测信号传输到地面上的监测系统统一显示和分析。

三种传感器都是基于光纤传感技术,但各自原理又有不相同之处。

①矿山应力传感器

矿山应力传感器和支护用锚杆结合在一起使用,形成光纤光栅测力锚杆,其原理是利用锚杆受到的力转化为传感器内部光纤光栅的形变,通过测量形变实现对岩石内部压力测量,见图 6.10。

光纤光栅测力锚杆是通过特殊工艺,将光纤光栅敏感元植入目前矿山常用螺纹钢（或其他材料）锚杆中,如果围岩应力、应变出现异常,则应力会传递到 FBG 上并体现波长的变动。通常在锚杆内植入多支光纤光栅传感单元,以反映锚杆在工作状态下锚杆全长范围内的应变、轴向力、弯矩、剪应力及锚杆变形等参数,并以此更全面分析锚杆及顶板的安全状况。

②顶板位移传感器

顶板位移传感器的原理是将锚固端和传感器之间的岩石位移变化通过传感器内部的光纤光栅的波长变化反映出来,见图 6.11。

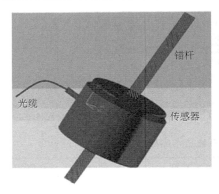

图 6.10　应力传感器示意图　　　　图 6.11　位移传感器示意图

光纤光栅锚杆压力计测量巷道发生变形后,围岩对锚杆所产生的压力,安装在围岩与锚杆或者锚索的紧固螺母之间,该压力值直接反映支护顶板的受力状态和安全健康状态。

③微震传感器

设计思路是将外界的振动转化为光纤光栅的应变,这个应变会反映光栅中心反射波长的变化,通过波长解调系统可将波长变化转化成电压的变化,即可实现振动信号的监测（图 6.2）。

光纤光栅信号处理器主要由外壳、波长解调模块、通道切换模块、信号处理器 ABC 等几部分组成。光纤光栅信号处理器是系统的核心,其功能是:不间断提供光源,通过传输光缆将光源传导到各链路的光纤光栅传感器,然后接收传感器反射回的波长信号,解析波长值,判断波长变化量,并将监测的数据传送到地面监测中心。

6.3　谷家台铁矿应用实例

6.3.1　监测系统安装

为了对注浆帷幕堵水隔障带的稳定性进行监测,在莱芜谷家台铁矿建立了示范工程,在部分注浆帷幕堵水隔障带内,选择中心部位,布置 3 个顶板位移、3 个矿压和 4 个矿震传感器。矿压传感器系统可以对注浆帷幕堵水隔障带的沉降、压力变化进行实时监测与分析,并具有长期数据保存、危险数据报警等功能。微震监测系统可以对采空区中间及其附近的震动信号进行幅值测量、定位,并可对微震事件进行记录与分析。

(1)光缆铺设

如图 6.12 和图 6.13 所示,根据矿上的采掘进度,以及传感器需要空间分布的要求,探头安装于 0 m 水平面和－50 m 水平面,两面垂直距离约 50 m。在－50 m 平面的 15-2 勘探线间柱旁安装 1#,在 17-3 线安装 2#,如图 6.12 所示。在 0 m 平面的 12-1 线间柱旁安装 3#,在 13-2 线安装 4#,相距约 65 m,如图 6.13 所示。分期进行光缆铺设,根据矿井实际情况,从监控室到主井 0 水平井口这段借用矿上已有的 24 芯光缆,然后在主井 0 m 水平主井口石门中,将一期施工中铺设的 16 芯光缆中剩余的四芯与 24 芯光缆中空闲的 4 芯进行融接。在 0 m 水平 12-1 线开始铺设光缆,经过 12-1 联络巷,开拓巷道直到 16-2 人行井;把光缆通过人行井放到－10 水平,经过 16-2 联络巷、开拓巷道铺设到 17-3 水平

图 6.12　0 m 水平传感器安装位置图

的间柱;为减少 6 芯光缆开口数目,从 17-3 回头铺设到 15-2 线间柱。在 0 水平 12-1 线处剥开 16 芯光缆,并把其中空余的 4 芯与新铺设的 6 芯光缆中的红、绿、蓝、黑四色光纤进行融接。将 6 芯光缆中的绿、红、黑、蓝四色光纤分别与 1#(15-2 线间柱处)、2#(17-3 线间柱处)、3#(12-1 线间柱处)、4#(13-2 线间柱处)传感器融接。如图 6.14 所示。

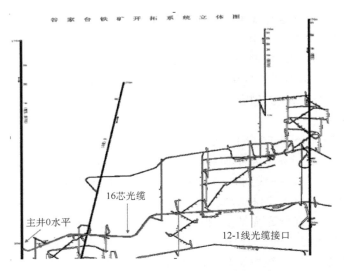

图 6.13　主井到副井 16 芯光缆铺设图

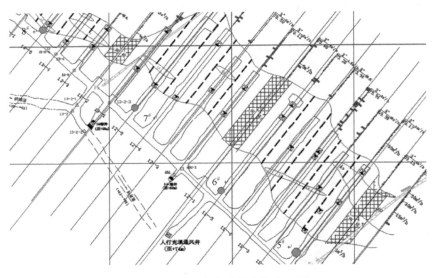

图 6.14　5~8# 传感器安装位置图

（2）传感器安装

使用的匹配光纤光栅微震传感器的基本设计思想是将外界的震动转化成光纤光栅的应变,这个应变会引起光栅中心反射波长的变化,通过波长解调系统可将波长变化转化成电压的变化,即可实现震动信号的检测。谷家台铁矿安装的微震传感器内部的光栅中心反射波长都是 1550 nm。

传感器的现场布置位置应根据微震监测系统的工作原理和矿山生产需要进

行选择和确定。根据所使用的传感器,检波测量探头需要水平安装。根据现场实际情况,传感器及外罩安装在深 1 m 的钻孔并与孔壁胶结的锚杆上,钻孔打在靠近两帮的底板上。为锚杆所开凿的钻孔应垂直探头,探头安装时应保证水平。为了防止侧边共振的发生,在探头被紧固到螺栓上之后,探头与孔壁间的间隙应当用胶结材料进行填充。用于胶结的材料应该采用那些在拆卸或转移过程中容易剥离的材料。为了确保传感器的正确运行,必须保证其尾纤与主光缆连接完好。在安装的过程中,必须小心以免损坏传感器(对微震监测传感器的撞击与敲击是不允许的)。在移动与运输过程中,传感器尾纤弯曲时应当保证大于 10 cm 的直径。各类型传感器安装施工如图 6.15—图 6.17 所示。

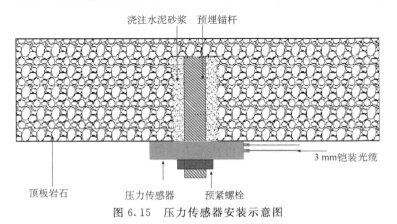

图 6.15 压力传感器安装示意图

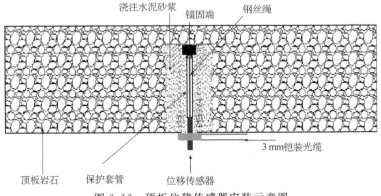

图 6.16 顶板位移传感器安装示意图

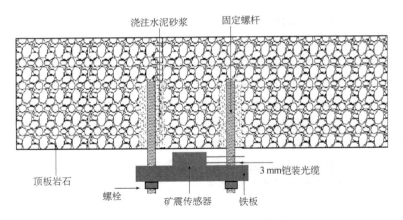

图 6.17　矿震传感器安装示意图

6.3.2　监测结果分析

(1)监测数据分析

根据近 2 年时间的顶板监测取得的实测数据,分析谷家台铁矿注浆帷幕堵水隔障带顶板实测数据(表 6.2),得到各传感器的位移-时间曲线、应力-时间曲线,见图 6.18。通过对这些曲线进行分析,以便开展地压监测体系方法试验,对于保障矿山的安全生产具有重大意义。

表 6.2　顶板位移监测数据　　　　　　　　　　　　　　单位:mm

时间 \ 测点	cg1	cg2	cg3
2009 年 8 月	0.000	0.000	0.000
2009 年 9 月	0.921	0.606	0.844
2009 年 10 月	2.451	1.805	1.324
2009 年 11 月	2.651	1.809	1.776
2009 年 12 月	3.529	2.316	2.216
2010 年 1 月	3.693	2.526	2.433
2010 年 2 月	3.826	2.757	2.603
2010 年 3 月	4.275	2.953	2.722
2010 年 4 月	4.436	3.234	2.895
2010 年 5 月	4.592	3.359	2.926
2010 年 6 月	4.691	3.392	2.988
2010 年 7 月	4.783	3.406	3.101
2010 年 8 月	4.825	3.416	3.153
2010 年 9 月	4.827	3.529	3.184

续表

测点 时间	cg1	cg2	cg3
2010 年 10 月	4.837	3.537	3.205
2010 年 11 月	4.842	3.539	3.235
2010 年 12 月	4.858	3.545	3.251
2011 年 1 月	4.858	3.550	3.257
2011 年 2 月	4.860	3.553	3.265
2011 年 3 月	4.860	3.553	3.266

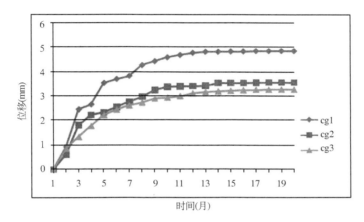

图 6.18 位移分析趋势图

根据图 6.18 位移变化趋势图可以看出,注浆帷幕堵水隔障带顶板岩体位移在最初几个月内岩层移动较块,随后变化趋于稳定。但总体上在近 2 年的时间里位移变化相对不大,其中一个监测点的最大位移约 5 mm,其他 2 个监测点的位移均小于 3 mm,同时随着时间的推移,顶板沉降趋于稳定,说明采矿扰动及幕外水压力对该范围内注浆帷幕稳定性影响不大。

(2)监测信号分析

2010 年 5 月 23 日 20:51:17 监测到的震动时域信号如图 6.19 所示,1,2,5,6 信号明显,信号频谱如图 6.20 所示,可以看到信号频率较高,可以认为是由于放炮引发的高频信号。

根据图 6.19—图 6.20 的震动时域和信号频谱分析,矿震传感器接收到的波形图比较平稳,图形中部分波动较大的地方是由于爆破震动的影响,使波形发生相应的变化,随之恢复正常,监测波形显示注浆帷幕堵水隔障带处于稳定状态。

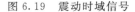

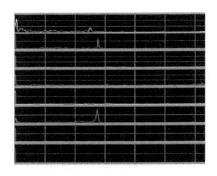

图 6.19　震动时域信号　　　　　　　　图 6.20　信号频谱

　　该系统结构简单,便于操作、安全可靠;监测通道数可选,在直巷中可进行长达 10 km 的矿山微震信号的检测;检波探头灵敏度高,本征抗电磁干扰,记录的信号准确;系统采用模块化设计,可根据监测信息进行通道扩展,目前矿山安装的系统只采用了 16 通道,随着深部监测系统的延伸安装,系统可扩展至 80 通道;采用多种矿震定位方法,且定位计算快速、准确;系统与易于操作。同时本系统也可以应用于冲击矿压危险的监测预报工作。

　　图 6.21 是在井下部分采场顶板试验安装的光纤岩移监测系统。该系统可连续对采场顶板实施地压、岩移、温度动态监测,为进一步优化帷幕注浆堵水隔障和采矿结构参数,确定合理的开采顺序和矿柱间距、尺寸提供理论数据支撑。

图 6.21　井下顶板光纤地压与岩移监测系统

6.4　小结

本章结合谷家台铁矿近矿体顶板帷幕注浆堵水带压开采实际工程,为研究堵水隔障带在开采扰动下的稳定性监测,建立了井下顶板光纤地压与岩移监测系统,并对获得的监测结果数据进行了分析,得出如下结果:

(1)研制和开发的光纤岩移监测系统具有监测岩石应力-应变、位移和拾取岩石破裂发出的震动信号的功能。建立了直观、简便的光纤地压与岩移监测系统,可以实时监测井下开采对注浆帷幕堵水隔障带岩体应力活动和变形影响,获取隔障带的位移、应力状态信息。

(2)通过对应力-应变监测结果数据的分析表明:无论是应力、应变还是震动信号,其变化与附近的采掘活动密切相关。特别是凿岩爆破的影响,矿体和巷道围岩中的应力和位移、震动信号变化较大,地压活动增强。在未受采动扰动时应力和位移变化平稳。

目前矿山处于生产的初始恢复阶段,生产能力较小,矿体采动对注浆帷幕堵水隔障带的影响小,加之采用的是充填采矿方法,地压显现尚不明显,已形成的注浆帷幕堵水隔障带整体上处于稳定状态。

第7章 结论与展望

7.1 主要研究结论

本书以岩溶水矿山谷家台铁矿为示范应用矿山,通过相关地质资料收集以及室内岩石物理力学性能试验,运用岩石力学、基于多元联系数的集对分析理论以及三维数值模拟等技术方法,对近矿体顶板帷幕注浆堵水隔障带稳定性和监测方法进行了深入系统的研究,得到以下主要研究结论:

(1)近矿体顶板注浆帷幕厚度。根据示范矿区的水文地质条件和地下水补给途径,近矿体顶板含水层的分布状态及隔水层的空间分布等条件,按照注浆帷幕体抗压强和矿体开采后空区上覆岩层形成的"三带"理论对近矿体顶板注浆帷幕厚度进行了研究,确定了近矿体顶板注浆帷幕体的厚度 $h = 40$ m。

(2)帷幕注浆参数和堵水效果评价。分析探讨了近矿体顶板帷幕注浆压力 P 初始值为 5 MPa,终压值为 8 MPa;浆液有效扩散半径 $R = 8$ m;单孔注浆时间约为 8 h 等注浆参数。对围岩充填体进行钻孔获取的岩芯验证了帷幕注浆效果;根据注浆前 40 000 m^3/d 降为堵水后 4000 m^3/d 矿区涌水量的变化,可知注浆堵水率达到 90%。

(3)矿岩的物理力学性质。通过室内对示范应用矿山矿岩物理性质(密度)和力学性质测试,帷幕注浆加固后的矿岩样品试件的强度都有不同程度的变化,注浆加固后的轴向应力-应变曲线呈现出近似直线形,围岩体变形趋向协调。当大理岩固结体轴向应力达到 60 MPa 时,其轴向应变和径向应变分别约为 1100 微应变和 400 微应变,大理岩固结体在强度基本稳定的状态下,可以持续较大的变形,其具有更大的抵抗水压破坏的能力。

(4)堵水隔障带稳定性定性评价。分析了堵水隔障带稳定性的影响因素,建立了区域工程地质、注浆帷幕体物理力学性质、地下水及破碎带和采掘工程布置因素 4 个一级指标、16 个二级指标的隔障带稳定性评价指标分析层次模型。基于多元联系数的集对分析理论对堵水隔障带的稳定性进行了定性评价,堵水隔障带处于较稳定状态以上占 62.48%,系统向极不稳定方向转化的趋势较弱。

(5)注浆帷幕稳定性三维数值模拟。运用三维固流耦合数值模拟方法,系统地分析和研究了堵水隔障带受矿体开采扰动的影响,堵水隔障带(即近矿体顶板)主要沿矿体倾向发生剪切破坏。开采结束后,注浆帷幕堵水隔障带(即近矿体顶板)裂隙损伤高度约为 38 m,没有超出注浆厚度 40 m 的范围,注浆灰岩的隔水性能是稳定的,不会发生透水事故。

(6)矿柱内的应力-应变说明开采过程中矿柱对支撑上部围岩的稳定性起着重要的作用。矿柱的破坏性质为沿矿体倾向的拉剪复合破坏;点柱内最大垂直位移为 1.17 cm,均出现在点柱中下部;间柱的最大垂直位移为 1.01 cm,Y 方向水平位移没有发生变化。

(7)提出了用于描述覆岩力学特性沿纵深方向发展变化的区带理论。根据对帷幕注浆堵水隔障带岩石力学性质的试验表明,注浆加固后的轴向应力-应变曲线呈现出近似直线形,围岩体变形趋向协调;运用三维流-固耦合数值模拟方法,系统地分析和研究了矿体开采过程中围岩、点柱以及间柱内应力场的分布、破坏场的发展、位移场的变化。

(8)研制和开发了光纤岩移监测系统。该系统具有监测岩石应力-应变、位移和拾取岩石破裂发出的振动信号的功能,实时监测井下开采对注浆帷幕堵水隔障带岩体应力活动和变形影响,获取隔障带的位移、应力状态信息。近 2 年监测数据说明堵水隔障带处于稳定状态。

7.2 主要创新点

(1)根据矿体开采后空区上覆岩层形成的"三带"(即冒落带、裂隙带和沉降弯曲带),借鉴"三带理论"经验公式,确定了近矿体顶板注浆帷幕厚度,能有效防止矿体开采对注浆帷幕的破坏影响。谷家台铁矿近几年生产实践表明,近矿体帷幕注浆能有效地预防岩溶水透水事故,实现了安全开采。

(2)提出了帷幕注浆堵水隔障条件下用于描述覆岩力学特性沿纵深方向发展变化的区带理论。通过对帷幕注浆堵水隔障带岩石力学特性的试验研究,帷幕注浆加固后轴向应力-应变曲线呈现出近似直线形,围岩体变形趋向协调;运用三维流-固耦合数值模拟分析,系统地分析和研究了矿体开采过程中围岩、点柱以及间柱内应力场的分布、破坏场的发展、位移场的变化。

(3)研制的光纤声发射地压灾害连续动态监测系统,可以实时监测井下开采对注浆帷幕堵水隔障带岩体应力活动和变形影响,获取隔障带的位移、应力状态信息。通过对监测数据进行研究分析,判断堵水隔障带的稳定性,以保障大水矿山的安全生产。

7.3　展望

（1）帷幕注浆厚度的计算还有待于深入研究，本书采用的两种方法还存在一定的缺陷。按抗压强度计算时，岩石力学参数是在实验室测定的，难以代表实际岩体的强度，使用该公式计算时会出现误差；"三带理论"是经验公式，虽然很有实际参考价值，但不同矿体的围岩性质有较大差别，为更合理地确定注浆厚度，还应对帷幕注浆厚度的计算深入研究。

（2）合理的矿房结构参数对保障堵水隔障带的稳定性起着关键的作用，矿房参数对堵水隔障带的稳定性影响应进一步深入研究。

（3）光纤岩移监测系统是近年发展起来的新技术，其在工程中的应用及系统的稳定性和传感器的布置方法希望在以后的工作和研究中逐步完善。

参考文献

[1] 谭志卿.夯实企业安全基础提高本质安全水平[J].同煤科技,2006(2):49-50.

[2] 于润沧.论当前地下金属资源开发的科学技术前沿[J].中国工程科学,2002,4(9):8-11.

[3] 陈晶.大水矿山矿井排水存在的问题分析[J].矿业快报,2006(8):78.

[4] 虎维岳.矿山水害防治理论与方法[M].北京:煤炭工业出版社,2005.

[5] 郭金峰.我国复杂难采矿床开采的问题与对策[J].金属矿山,2005(12):11-12.

[6] 郝美钧,南晋武.北洺河铁矿措施井淹井事故处理经验[J],金属矿山,2005(5):51-52.

[7] 王喜兵.高阳铁矿复杂水文地质条件下开采技术研究[J].金属矿山,2005,349(7):10-13.

[8] 毕永涛.顾家台铁矿灰岩水害及其防治措施[J].资源与环境,2007(3):42-45.

[9] 白建业,贺可强.高阳铁矿矿床突水的防治[J].金属矿山,2005(7):23-25.

[10] 李传水.谷家台矿区东区试采中巷道突发涌水的治理[J].有色矿冶,1997(4):45-49.

[11] 王军.非煤矿山地下水害防治[J].劳动保护,2010(8):96-97.

[12] 王亮.大水金属矿床井下近矿体帷幕注浆堵水技术研究[D].长沙:长沙矿山研究院,2011.

[13] 邓红卫.典型矿山地下水防治与资源化调控及工程应用研究[D].长沙:中南大学,2009.

[14] 陈勤树.我国矿区注浆帷幕截留技术的研究与应用[J].矿业研究与开发,1993(2):8-10.

[15] 王军.岩溶矿床帷幕注浆截流新技术[J].矿业研究与开发,2006(10):151-153.

[16] 郝哲,王来贵,刘斌.岩体注浆理论与应用[M].北京:地质出版社,2006.

[17] 白聚波,李现波,杨清莲.帷幕注浆技术在大水矿山治水中的应用[J].石家庄铁道学院学报(自然科学版),2008,21(1):80-82.

[18] 张省军,孙辉,王在泉.注浆帷幕体渗透特性的试验研究[J].金属矿山,2009,397(7):69-71.

[19] 朱礼渊,苏小杰.大水矿山帷幕注浆后采矿探放水安全技术探讨[J].现代矿业,2010,495(7):106-108.

[20] 韩英武,何治亭,马继业.业庄铁矿井下放水预案[J].采矿技术,2003,3(2):78-79.

[21] 黄炳仁.大水矿床注浆防水帷幕厚度的确定[J].中国矿业,2004,13(3):60-62.

[22] 祝世平,王伏春,曾夏生.大红山矿帷幕注浆治水工程及其评价[J].金属矿山,2007,375(9):79-83.

[23] 刘招伟,张顶立,张民庆.圆梁山隧道毛坝向斜高压富水区注浆施工技术[J].岩石力学工程学报,2005,24(10):1728-1734.

[24] 孟广勤,修德深,宋纯忠.矿体顶板灰岩井下注浆堵水技术[J].水文地质工程地质,1998(3):57-60.

[25] 郝哲,吴海建,何修仁,等. 帷幕注浆工程静态可靠性分析[J]. 1998,**27**(1):11-14.

[26] 何修仁. 注浆加固与堵水[M]. 沈阳:东北工学院出版社,1990.

[27] 李俊平,连民杰. 矿山岩石力学[M]. 北京:冶金工业出版社,2011.

[28] 张省军,唐春安,王在泉. 矿山注浆堵水帷幕稳定性监测方法的研究与进展[J]. 金属矿山,2008,**387**(9):84-86.

[29] 张继勋,刘秋生. 地下工程稳定性分析方法现状与不足[J]. 现代隧道技术,2005,**42**(1):1-5.

[30] GOODMAN R E. Methods of geological engineering in discontinuous rock[M]. New-York:West Publishing Co. ,1976.

[31] 石根华. 岩体稳定分析的赤平投影方法[J]. 中国科学,1977(3):269-271.

[32] 孙玉科. 赤平极射投影求解空间共点力系[M]//岩体工程地质力学问题(二). 北京:科学出版社,1978.

[33] 王思敬,傅冰俊,杨志法. 中国岩石力学与工程的世纪成就[M]. 南京:河海大学出版社,2003.

[34] 张子新,孙钧. 块体理论赤平解析法及其在硐室稳定分析中的应用[J]. 岩石力学与工程学报,2002,**21**(12):1756-1760.

[35] 于学馥,等. 地下工程围岩稳定性分析[M]. 北京:煤炭工业出版社,1983.

[36] DEERE D U. Technical description of cores for engineering purposes[J]. Rock mechanics and engineering geology,1963(1):18-22.

[37] BARTON N,LIEN R,LUNDE J. Engineering classification of rock masses for the design of tunnel support[J]. Rock mechanics and rock engineering,1974(4):183-236.

[38] BIENAWSKI Z T. Tunneling in rock[M]. Publication of South African institute of civil engineers,1974.

[39] 谷德振. 岩体工程地质力学基础[M]. 北京:科学出版社,1979.

[40] 林韵梅,王维纲. 岩体工程稳定性分级的研究[J]. 东北工学院学报,1983,**34**(1):23-38.

[41] 林韵梅. 岩体基本质量定量分级标准 BQ 公式的研究[J]. 岩土工程学报,1999,**21**(4):481-485.

[42] 冯夏庭,林韵梅. 岩体质量的不确定性评价[J]. 东北工学院学报,1992,**78**(6):221-225.

[43] 冯夏庭,林韵梅. 程潮铁矿的矿岩稳定性分级分区[J]. 有色金属,1993,**45**(4):7-11.

[44] 国家技术监督局,中华人民共和国建设部. 工程岩体分级标准 GB 50218—94[S]. 1994.

[45] BANDIS,S C,VARDAKIS G,BARTON N,et al. Instability and stress transformations around underground excavations in highly stressed anisotropic media[M]. Balke Ma:Maury&FourMaintraux(eds),1989.

[46] 陈霞龄,韩伯鲤. 地下洞群围岩稳定的试验研究[J]. 武汉水利电力大学学报,1994,**27**(1):17-23.

[47] 赵震英. 洞群开挖围岩破坏过程试验[J]. 水利学报,1995(12):24-28.

[48] 唐东旗,李运成,姚秀芳. 断层带留设防水煤柱开采的相似模拟试验研究[J]. 矿业安全与环保,2005,**32**(6):26-30.

［49］胡耀青，赵阳升，杨栋.三维固流耦合相似模拟理论与方法［J］.辽宁工程技术大学学报，2007，**26**(2)：204-206.

［50］胡耀青，严国超，石秀伟.承压水上采煤突水监测预报理论的物理与数值模拟研究［J］.岩石力学与工程学报，2008，**27**(1)：9-15.

［51］刘爱华，彭述权，李夕兵，等.深部开采承压突水机制相似物理模型试验系统研制及应用［J］.岩石力学与工程学报，2009，**25**(7)：1335-1341.

［52］李向阳，李俊平，周创兵.采空场覆岩变形数值模拟与相似模拟比较研究［J］.岩土力学，2005，**26**(12)：1907-1912.

［53］张文杰，周创兵，李俊平，等.裂隙岩体渗流特性物模试验研究进展［J］.岩土力学，2005，**26**(9)：1517-1523.

［54］索永录，程书航，杨占国，等.坚硬石灰岩顶板破断及来压规律模拟实验研究［J］.西安科技大学学报，2011，**31**(2)：137-140.

［55］宋卫东，陈志海，郭廖武，等.程潮铁矿保安矿柱控制开采相似模拟实验研究［J］.矿业研究与开发，2009，**29**(4)：1-5.

［56］孙世国，王思敬.开挖对岩体稳态扰动与滑移机制的模拟试验研究［J］，工程地质学报，2000，**8**(3)：312-315.

［57］CIVIDINI A，GIODA G，CARINI A. A finite element analysis of the time dependent behavior of underground openings［J］. Computer methods and advances in geomechanics，1991(2)：1449-1455.

［58］KALKANI E C. Interbedded rock effect in powerhouse cavern stress analysis［J］. Computer methods and advances in geomechanics，1991(2)：1485-1491.

［59］HISATAKE M. Back-analysis of tunnel lining stress［J］. Computer methods and advances in geomechanics，1991(2)：1479-1485.

［60］ESAKIU T，JIANG Y J，KIMURA T. Stability analysis of a deep tunnel with the elasto-plastic strain softening behavior［J］. Computer methods and advances in geomechanics，1991(2)：1467-1473.

［61］SMALL J C，NGU J T M. Finite element analysis of excavation in jointed rock［J］. Computer methods and advances in geomechanics，1991(2)：1227-1233.

［62］CHOI S K，WOLD M B，et al. 3-dimensional analysis of underground excavations-tow new programs applied to a mining problem［J］. Computer methods and advances in geomechanics，1991(2)：1287-1290.

［63］MANZARI M T，NOUR M A. Significance of soil dilatancy in slope stability analysis［J］. Journal of geotechnical and geoenvironmental engineering，ASCE，2000，**126**(1)：75-80.

［64］孙均，汪炳鑑.地下结构有限元法解析［M］.上海：同济大学出版社，1988.

［65］骆念海，邓喀中，郭广礼，等.老采空区地基稳定性的有限元模拟研究［J］.山东煤炭科技，1999(增刊)：40-42.

［66］张玉军，朱维申.小湾水电站左岸坝前堆积体在自然状态下稳定性的平面离散元与有限

元分析[J].云南水力发电,2000,**16**(1):36-39.

[67] 马文瀚,方先知,戴塔根,等.岩溶塌陷稳定性有限元数值模拟[J].贵州师范大学学报(自然科学版),2009,**27**(4):19-21.

[68] 黎斌,范秋雁,秦凤荣.岩溶地区溶洞顶板稳定性分析[J].岩石力学与工程学报,2002,**21**(4):532-536.

[69] 程晔,赵明华,曹文贵.基桩下溶洞顶板稳定性评价的强度折减有限元法[J].岩土工程学报,2005,**27**(1):38-41.

[70] 刘红元,唐春安,丙勇勤.多煤层开采时岩层垮落过程的数值模拟[J].岩石力学与工程学报.2001,**20**(2):190-196.

[71] 刘红元,唐春安.承压水底板失稳过程的数值模拟[J].煤矿开采,2001,**42**(1):50-53.

[72] 杨天鸿,唐春安,刘红元,等.承压水底板突水失稳过程的数值模型初探[J].地质力学学报,2003,**9**(3):281-287.

[73] 杨天鸿,唐春安,谭志宏,等.岩体破坏突水模型研究现状及突水预测预报研究发展趋势[J].岩石力学与工程学报,2007,**26**(2):268-274.

[74] 石根华.数值流形方法和非连续变形分析[M].北京:清华大学出版社,1997.

[75] 何传永,孙平.非连续变形分析方法程序与工程应用[M].北京:水利水电出版社,2009.

[76] CUNDALL P A. A computer model for simulating progressive large scale movement in blocky rock systems[J]. Proc. Symp. Int Soc. Rock Mech,1971(1):Ⅱ-8.

[77] CUNDALL P A,HART R. Development of generalized 2-D and 3-D distinct element programa fou modeling joint rock[J]. Army Corps of Engineers,1985.

[78] 王泳嘉,邢纪波.离散单元法及其在岩土力学中的应用[M].沈阳:东北工学院出版社,1991.

[79] 王泳嘉,邢纪波.离散单元法的改进和应用[C]//岩土力学数值方法的工程应用——第二届全国岩石力学数值计算与模型实验学术研讨会论文集,1990.

[80] 王泳嘉,麻凤海.岩层移动的复合介质模型及其工程验证[J].东北大学学报,1997(3):123-127.

[81] 邢纪波,俞良群,张瑞丰,等.离散单元法的计算参数和求解方法选择[J].计算力学学报,1999(1):69-73.

[82] 王国强,郝万军,王继新.离散单元法及其在 EDEM 上的实践[M].西安:西安工业大学出版社,2010.

[83] 王强,吕西林.离散单元法中数值求解方法的改进[J].同济大学学报(自然科学版),2006(12):56-61.

[84] BROWN E T. Analytial and computational methods in engineering rock mechanics[M]. London:Allen & Unwin,1987.

[85] Itasca Consulting Group,Inc.. FLAC3D,fast Lagrangian analysis of continua in 3-dimensions,user's manual(version 2.0)[R]. Minnesota,USA:Itasca Consulting Group,Inc.,1997.

[86] DIEDERICH M S,KAISER P K. Tensile strength and abutment relaxation as failure

control mechanisms in underground excavations[J]. International jounral of rock mechanics and mining sciences,1999,**36**(1):69-96.

[87] 刘波,韩延辉.FLAC原理、实例与应用指南[M].北京:人民交通出版社,2005.

[88] 陈育民,徐鼎平.FLAC/FLAC³ᴰ基础与工程实例[M].北京:中国水利水电出版社,2009.

[89] 胡斌.深切峡谷区大型地下洞室群围岩稳定性的动态仿真研究[D].成都:成都理工学院,2001.

[90] 姜文富.白象山富水铁矿深埋巷道围岩稳定性数值模拟与突水防治优化[D].青岛:青岛理工大学,2009.

[91] 匡顺勇,王在泉,张黎明,等.地下铁矿床灰岩顶板突水机理模拟研究[J].青岛理工大学学报,2011,**32**(1):30-34.

[92] 李树忱,李术才,张京伟,等.数值方法确定海底隧道最小岩石覆盖厚度研究[J].岩土工程学报,2006,**28**(10):1304-1307.

[93] 李树忱,李术才,徐帮树.隧道围岩稳定分析的最小安全系数法[J].岩土力学,2007,**28**(3):549-555.

[94] CROUGH S L,STARFIELD A M. Boundary element methods in solid mechanics [M]. London:Allne & Unwin,1983.

[95] BRADY B H G,BROWN E T. Rock mechanics for underound mining [M]. London:Allen & Unwin,1985.

[96] CROTTY J M,WARDLE L J. Boundary integral analysis of piecewise homogeneous media with structural discontinuities [J]. International journal of rock mechanics and mining sciences,1985,**22**:419-427.

[97] 王书法,朱维申.考虑空间影响的两种非连续变形分析方法[J].岩石力学与工程学报,2000,**19**(3):369-372.

[98] 陈卫忠,朱维申,李术才.节理岩体中洞室围岩大变形数值模拟及模型试验研究[J].岩石力学与工程学报,1998,**17**(3):223-229.

[99] 刘伟韬,李加祥,张文泉.顶板涌水等级评价的模糊数学方法[J].煤炭学报,2001,**26**(4):399-403.

[100] 潘岳,王志强,张勇.突变理论在岩体系统动力失稳的应用[M].北京:科学出版社,2008.

[101] 于承峰.基于微震监测技术的注浆帷幕区稳定性研究[D].沈阳:东北大学,2007.

[102] BECK D A,BRADY B H G,GRANT D R. Induced stress and microseismicity in the 3000 Orebody,Mount Isa[J]. Geothnical and geological engineering,1997,**15**:221-233.

[103] SCOTT D F,WILLIAMS T J,FRIEDEL M J,et al. Relative stress conditions in an underground pillar,homestake mine,lead,sd [J]. International journal of rock mechanics and mining sciences,1997,**34**(3-4):30-40.

[104] MCCREARY R,MCGAUGHEY J,POTVIN Y et al. Results from microseismic monitoring, conventional instrumentation, and tomography surveys in the creation and

thinning of a burst-prone sill pillar[J]. Pure and applied geophysics, 1992, **139**(3): 349-370.

[105] HEDLEY D G F, UDD J E. The Canada-Ontario-industry project [J]. Pageoph, 1989, **129**(3/4):661-672.

[106] SATO K, FUJII Y. Source mechanism of a large gas outburst at Sunagawa coal mine in Japan [J], Pageoph, 1989, **129**(3/4):325-344.

[107] BLAKE W, LEIGHTON F, DUVALL W I. Microseismic techniques for monitoring the behavior of rock structures[J]. International journal of rock mechanics and mining science, 1975, **12**(4):69.

[108] SALAMON M D, WIEBOLS G A. A new method for three-dimensinal stress analysis inelastic media[J]. Rock Mech, 1974(6):1641-1660.

[109] 李庶林,尹贤刚,郑文达,等.凡口铅锌矿多通道微震监测系统及其应用研究[J].岩石力学与工程学报,2005,**24**(12):2048-2053.

[110] 姜福兴,叶根喜,王存文,等.高精度微震监测技术在煤矿突水监测中的应用[J].岩石力学与工程学报,2008,**27**(9):1932-1937.

[111] 杨承祥,罗周全,唐礼忠.基于微震监测技术的深井开采地压活动规律研究[J].岩石力学与工程学报,2007,**26**(4):818-824.

[112] 郑超,杨天鸿,于庆磊,等.基于微震监测的矿山开挖扰动岩体稳定性评价[J].煤炭学报,2012,**32**(增2):280-286.

[113] 刘建坡,李元辉,赵兴东,等.微震技术在深部矿山地压监测中的应用[J].金属矿山,2008,**383**(5):125-128.

[114] 赵兴东,石长岩,刘建坡,李元辉.红透山铜矿微震监测系统及其应用[J].东北大学学报(自然科学版),2008,**29**(3):399-402.

[115] 高广锋,刘殿凤,韩贵雷.中关铁矿注浆帷幕检查孔设计施工与优化[J].采矿技术,2010,**5**(9):23-26.

[116] 白聚波,许柏青,周辉峰,等.矿山帷幕注浆及其效果测试[J].金属矿山,2008,**383**(5):83-85,109.

[117] 刘斌,等.莱芜铁矿谷家台矿区试采矿块顶板灰岩注浆施工组织设计,1995.

[118] 武强,武晓媛,刘守强,等.基于"三图-双预测"法的葫芦素矿顶板水害评价预测与防治对策//第三届全国煤矿机械安全装备技术发展高层论坛论文集[M].徐州:中国矿业大学出版社,2012:529-532.

[119] 高建军,祝瑞勤,徐大宽.岩溶充水矿床帷幕注浆堵水技术研究[J].水文地质工程地质,2007(5):123-125.

[120] 丛山.矿山帷幕注浆堵水工程设计与施工[M].北京,地质出版社,2011.

[121] 周王贞."三带"理论在确定金属矿山安全回采上限中的应用[J].采矿技术,2008,**8**(5):41-48.

[122] 黄志安,童海方,张英华,等.采空区上覆岩层"三带"的界定准则和仿真确定[J].北京科技大学学报,2006,**28**(7):609-621.

[123] 刘长武,陆士良.水泥注浆加固对工程岩体的作用与影响[J].中国矿业大学学报,2000,29(5):454-457.

[124] 王汉鹏,高延法,李术才.岩石峰后注浆加固前后力学特性单轴试验研究[J].地下空间与工程学报,2007,3(1):27-30.

[125] 许开立.系统危险性的模糊评价[D].沈阳:东北大学,1999:1-90.

[126] 陈守煜,韩晓军.围岩稳定性评价的模糊可变集合工程方法[J].岩石力学与工程学报,2006,25(9):1857-1861.

[127] 邓聚龙.灰色系统基本方法[M].武汉:华中科技大学出版社,1987.

[128] 邓聚龙.灰色预测与决策[M].武汉:华中科技大学出版社,1988.

[129] 徐曾和,徐小荷,唐春安.坚硬顶板下煤柱岩爆的尖点突变理论分析[J].煤炭学报,1995,20(5):485-491.

[130] THOMPSON J M T,HUNT G W. Instabilities and catastrophes in science and engineering[J]. Wiley,1982,49(4):932.

[131] ZEEMAN E C. Bifurcation,catastrophes and turbulence. New directions in applied mathematics[M]. New York:Spring-Verlag,1982.

[132] ZEEMAN E C. Catastrophes Theory:Selected Papers[J]. Advanced book program,1977,41(2):253-255.

[133] 王连国,缪协兴.基于尖点突变模型的矿柱失稳机理研究[J].采矿与安全工程学报,2006,23(2):137-140.

[134] 江文武,伍福海.基于尖点突变理论的水平矿柱稳定性分析[J].矿业研究与开发,2010,30(6):1-3.

[135] 陈庆发,古德生,周科平,等.对称协同开采人工矿柱失稳的突变理论分析[J].中南大学学报(自然科学版),2012,43(6):2339-2341.

[136] 赵克勤.集对分析及其初步应用[M].杭州:浙江科学技术出版社,2000.

[137] 赵克勤.集对原理及其在集对分析中的作用与意义[J].大自然探索,1998,17(4):90-91.

[138] 贺传友,汪明武,姜巍.集对分析在边坡稳定性评价中的应用[J].安徽建筑工业学院学报(自然科学版)2009,17(1):25-27.

[139] 周健,史秀志.基于集对分析同一度的采空区处理方案研究[J].金属矿山,2009,396(6):10-13.

[140] 宋广东,刘统玉,王昌.基于采动应力监测的深部动力灾害预测技术[J].中国矿业,2012,21(增刊):520-522.

[141] 亢永.城市燃气埋地管道系统风险研究[D].沈阳:东北大学,2013.

[142] 朱兵,王文圣,王红芳,等.集对分析中差异不确定系数i的探讨[J].四川大学学报(工程科学版),2008,40(1):5-8.

[143] 李德顺,许开立,叶海云.论基于多元联系数的集对分析评价模型[J].中国安全生产科学技术,2009,5(4):110-113.

[144] 李祚泳,邹敏,刘智勇,等.联系数中i赋值的新途径及在水质评价中的应用[J].四川大

学学报(工程科学版),2009,**41**(1):8-13.

[145] 赵克勤,姜玉声.集对分析中若干系统辩证思维初探[J].系统辩证学报,2000,**8**(3):32-36.

[146] 许振浩,李术才,李利平,等.基于层次分析法的岩溶隧道突水突泥风险评估[J].岩土力学,2011,**32**(6):1757-1765.

[147] 姜军,宋保维,潘光,等.基于集对分析的模糊综合评判[J].西北工业大学学报,2007,**25**(3):421-425.

[148] 常建娥,蒋太立.层次分析法确定权重的研究[J].武汉理工大学学报(信息与管理工程版),2007,**29**(1):153-156.

[149] 马农乐,赵中极.基于层次分析法及其改进对确定权重系数的分析[J].水利科技与经济,2006,**12**(11):732-735.

[150] 吴启红,彭振斌,陈科平,等.矿山采空区稳定性二级模糊综合评判[J].中南大学学报(自然科学版),2010,**41**(2):661-664.

[151] 刘红元,唐春安.分步开挖对采场顶板破坏机理和形态影响的数值模拟[J].东北煤炭技术,2000(2):7-9.

[152] 《采矿手册》编辑委员会.采矿手册第四卷[M].北京:冶金工业出版社,1990.

[153] 付士根,王云海,许开立.爆破振动效应影响评价及减震措施研究[J].中国安全生产科学技术,2008(6):58-61.

[154] 莱钢集团莱芜矿业有限公司.谷家台矿床开采及防治水方案(3阶段),2004.

[155] 李典兵,曲炳强,吴昌晓.地下中深孔爆破振动测试[J].现代矿业,2010(8):40-42.

[156] 张林,杨志刚,钱庆强,等.溶洞顶板稳定性影响因素正交有限元法分析[J].中国岩溶,2005,**24**(2):156-159.

[157] 张晓君.影响采空区稳定性的因素敏感性分析[J].矿业研究与开发,2006,**26**(1):14-16.

[158] 刘超,唐春安,张省军,等.微震监测系统在张马屯帷幕区域的应用研究[J].采矿与安全工程学报,2009,**26**(3):349-352.

[159] MENDECKI A J. Seismic monitoring in mines[M]. London:Chapman and Hall Press,1997.

[160] 王昌,王云海,张乃宝,等.非煤矿山采空区光纤监测研究[J].山东科学,2008(6):9-11.

[161] WILLS R. Application of optical fiber sensors[C]. Proceedings of SPLE,2000,**4074**:24-31.

[162] CHANGJ M L Z,LIU T Y,et al. Fiber optic vibration sensor based on overcoupled fused [C]. Proceedings of SPLE,2007,**659**:4-7.

[163] 刘增辉,高谦,许凤光,等.基于光纤技术的井筒围岩稳定实时监测系统[J].沈阳工业大学学报,2013,**35**(2):230-233.

[164] 汤树成,张杰,张恒,等.煤矿锚杆支护巷道光纤光栅实时动态监测系统的研究[J].煤矿支护,2012(1):1-3.

作者简介

　　付士根,男,中国安全生产科学研究院教授级高级工程师。中国安全生产协会安全生产优秀青年专家,北京市安全生产非煤矿山专家。近年来主要从事非煤矿山安全评价、采动灾害领域的研究工作。发表论文 20 余篇,授权专利 3 项,获得省部级科技进步奖 5 项。

　　李全明,男,中国安全生产科学研究院教授级高级工程师。全国安全生产标准化委员会非煤矿山分委会副秘书长,国家安全生产专家,北京市安全生产尾矿库专家,山东理工大学、华北科技学院、首都经济贸易大学兼职教授。近年来主要从事尾矿库工程和岩土工程安全评价、隐患治理及监测预警领域研究工作。发表论文 50 余篇,授权专利 5 项,获得省部级科技进步奖 7 项。

　　马海涛,男,中国安全生产科学研究院高级工程师,中安国泰(北京)科技发展中心常务副总经理。国家安全生产专家组成员,参加国务院安全生产事故调查和救援工作 7 次。近年来主要从事矿山采空区、露天高陡边坡等采动灾害领域的研究工作。发表论文 50 余篇,授权专利 7 项,获得省部级科技进步奖 5 项。